# 在这贪心的世界里，我只要刚刚好

霍庆苓——著

沈阳出版发行集团
沈阳出版社

**图书在版编目（CIP）数据**

在这贪心的世界里，我只要刚刚好 / 霍庆苓著. — 沈阳：沈阳出版社，2017.7
ISBN 978-7-5441-8408-3

Ⅰ. ①在… Ⅱ. ①霍… Ⅲ. ①人生哲学－通俗读物
Ⅳ. ①B821-49

中国版本图书馆 CIP 数据核字（2017）第 117853 号

---

**出版发行：**沈阳出版发行集团 | 沈阳出版社
（地址：沈阳市沈河区南翰林路 10 号　邮编：110011）
**网　　址：**http：//www.sycbs.com
**印　　刷：**北京中印联印务有限公司
**幅面尺寸：**170mm×240mm
**印　　张：**15
**字　　数：**248 千字
**出版时间：**2017 年 7 月第 1 版
**印刷时间：**2017 年 7 月第 1 次印刷
**选题策划：**郑　为
**责任编辑：**王冬梅
**装帧设计：**仙　境
**责任校对：**徐　源
**责任监印：**杨　旭

---

**书　　号：**ISBN 978-7-5441-8408-3
**定　　价：**39.80 元

**联系电话：**024-24112447
**E-mail：**sy24112447@163.com

# 序　言 PREFACE

## 在这贪心的世界里，我只要刚刚好

2016 年巴西里约奥运会期间，好友小竹在里约现场观看了数场比赛。然而，给小竹留下最深记忆的不是里约奥运会上的某场比赛，而是她在里约一位朋友家里遇到的一个法国人。

那天，小竹到朋友家做客。到了朋友家时，她发现还有一位男士也在。经朋友介绍得知，这是一位法国人。这位法国男士给小竹的感觉是一位成功人士，跟小竹的那位事业有成的朋友差不多。他们一边品着葡萄酒一边谋划着准备去看哪些奥运比赛。在此过程中，法国人特有的幽默和浪漫气质，表现得淋漓尽致。

晚饭在大家的谈笑风生中结束。然后，法国人和小竹的朋友到了另一个房间。过了一会儿，法国人就离开了。小竹用开玩笑的口吻问朋友，两个大男人究竟有什么秘密，要背着她。朋友说，那个法国人是他的好朋友，刚才向自己借了点钱。而且，这位法国朋友能来里约看奥运会比赛，也是通过借钱才得以成行的。因为他眼下经济状况有点窘迫。

小竹的朋友说，这位法国朋友目前没有工作，没有正式住房，眼下靠救济生活，不知道明天怎么过，要做些什么。小竹很震惊。首先，这个法国男人给她一副自信十足的样子，一点儿也不像是陷入经济困难中的人。其次，一个靠救济生活的人，如果借钱去买米买面倒也好理解，但借钱远赴国外去看奥运比赛，那就不那么好理解了。

小竹说："没看出来他还是个体育迷啊。借钱也要出国看比赛，还真够迷的。我还以为他借钱要去做很重要的事呢。"

朋友问："看体育比赛不重要吗？对于他来说，这也是一件很重要的事，跟吃饭睡觉一样重要。"

小竹说："出于爱好，看体育比赛当然也重要，不过如果是在中国，这样的事就不好理解了。自己口袋里有多余的钱，看看比赛倒也无妨，但要借钱去国外看比赛，这对在中国吃低保的人来说简直就是做梦，绝对没有可能。"

朋友笑着说："他的生活并没有你想象的那么艰难。虽然失业，依靠救济过日子，但这样的窘况并没有对他的生活产生根本影响，想去酒吧照样去，想去旅游也不耽误，只要口袋里还有钱，就一定会去追求自己喜欢的生活；即使口袋里没有足够的钱，也不会轻易放弃想要的东西，哪怕只是一场远在国外的比赛。尽管没有工作，没有收入，但他眼下的生活呀，不好也不坏，刚刚好。"

朋友的话让小竹觉得不可思议，但话中更值得玩味的是这三个字：刚刚好。

朋友又说："他其实是一个很优秀的经纪人，只不过眼下境况不好，只要大环境改善，他照样会风生水起。但此人最大的优点不在工作上，而是对生活的安排方面。无论境遇好坏，挣钱多少，自己喜欢的生活一定要尽力维系。挣钱多时，过得比较阔绰潇洒；吃救济时，就计划着花。但无论怎样，他的生活永远都在刚刚好的状态，不刻意往前跑，但也绝不落后于自己的意愿。只要是想做的事，一定要依照计划去做，达成心愿之后再用努力去换取满足下一个心愿的资本。生活不见得比别人富足，但始终让自己处在一种刚刚好的状态中，争取每一点满足，不留下遗憾。"

这位法国人表现出来的样子和他真实的境况之间的反差，以及他对待生活的态度，给小竹留下了难以磨灭的印象，也让小竹有了很多感悟。

从里约回国后，她找到我，跟我聊起了这个法国人以及他的活法儿。她认为，这个法国人到了中国，不太可能会成为大家效仿的榜样；即使在法国当地，也不一定就是别人效仿的对象。但小竹说她在他身上看到了另一种人生境界，一种截然不同于我们周围的人（甚至可能包括我们自己）的生活态度。这种境界和态度未必就是最好的，但起码会让自己活得自在、轻松和快乐。

小竹感慨道，在这位法国人身上，她获得的最大感悟是：人生最难的是刚刚好。我们身处的其实是一个永不满足的贪心世界，大多数人都对自己已经拥有的不满足，吃着碗里的，看着锅里的。但这位法国人却给了她启示，世上还有一种挺好的活法儿，用一句话概括就是：在这贪心的世界里，我只要刚刚好。

这是一个大家视贪心为正常事甚至推崇贪心的世界，尽管有些人表面上对“贪心”口诛笔伐。正如美国“石油大王”约翰·洛克菲勒所说：“没有不贪心的人。如果你有一颗橄榄，你就会想拥有一整颗的橄榄树。我行走于人世已近八十年，我见过不会吃牛排的人，却没有见过一个不贪心的人，尤其是在商界，功利、拜金的背后只印着一个单词，那就是贪心。我相信，在未来不贪心的人仍将是地球上的稀有者。谁会停止对美好事物的追求和占有呢。”

贪心的潜台是，我要，我要，我还要，我永不满足。如果站在追求幸福、快乐、自在、从容、轻松、惬意等角度，贪心恐怕会是这些词的大敌。

拥有富可敌国的金钱，就会幸福快乐、轻松自在吗？不见得。约翰·洛克菲勒富可敌国，但在被贪欲掌控的那段岁月里，他被病魔、焦虑、烦恼等折磨，差点儿连命都没了。当然，没有金钱，也会活得很不方便，甚至举步维艰。所以，对于金钱，最好的状态是，拥有刚刚好的金钱。拥有的金钱足以让自己衣食无忧，活得体面，不用为钱发愁，就是刚刚好。

拥有高高在上的权位就是幸福吗？不见得。高处不胜寒，爬得越高，一不小心摔得越惨。而且天天活在钩心斗角的环境里，精神高度紧张，内心压力重重，哪里会有轻松自在、从容惬意可言？唯有拥有刚刚好的权位，才能让你更加从容自在。什么才是刚刚好的权位？你能驾驭得住的权位。

娶了大美女或者嫁给了大帅哥，就幸福快乐吗？嫁进豪门或者娶了千金大小姐，就幸福快乐了吗？如果是双方门当户对，刚刚好差不多，还是有幸福快乐可言的。如果双方的门户不相当，相差得太远，矛盾很快就会产生，不幸很快就会到来。

金钱、财富、权位、名声、爱情、婚姻等，如果想要给我们带来幸福、快乐，就必须是刚刚好，我们能驾驭得了，否则只会让我们不幸、烦恼、矛盾、焦虑、疲累不堪。这样的道理，其实我们的先哲早就已经告诉过我们。

孔子的中庸之道，其中一个意思，就是建议世人能凡事都把握一个“度”字，凡事适可而止，见好就收，否则过犹不及，害人害己，徒增痛苦，烦恼缠身。老子也告诉我们“知足不辱，知止不殆，可以长久”，也就是说，懂得满足就不会受到屈辱，懂得适可而止就不会遇到危险，如此就可以健康长寿。孔子老子这两位圣人推崇的这些道理，其实就是小竹感悟到的这句话：在这贪心的世界里，我只要刚刚好。

那位法国人的生活态度和活法儿，以及小竹的这句感悟，都令笔者深深震撼。笔者由此想到了孔子、老子等先哲的很多相关思想，于是撰写成了这本书。本书在欲望、幸福、坚持、心情、活法儿、名利、糊涂、面子、完美等九个与每个人都密切相关的方面进行了深入探讨，提倡大家在这些方面，都能够拥有一种刚刚好的态度与行动。

愿你在这贪心的世界里，只要刚刚好的欲望、幸福、坚持、心情、活法儿、名利、糊涂、面子与完美。当你在这贪心的世界里，在这些方面都做到了刚刚好，就必能与幸福、快乐、轻松、自在、从容、惬意牵手一生。

# 目录 CONTENTS

## CHAPTER 1 欲望如美食，贪吃无益



## CHAPTER 2 幸福真谛，知足而已

## CHAPTER 3 知行知止，懂坚持懂放弃



## CHAPTER 4 得之不过喜，失之不过悲

## CHAPTER 5 活好当下，最不遗憾



## CHAPTER 6 无执名利，见好就收

## CHAPTER 7 吃适度的亏，做大气的人



## CHAPTER 8 太在意面子，是自讨苦吃

## CHAPTER 9 恰到好处的缺憾，就是完美

CHAPTER

1

# 欲望如美食，贪吃无益

在这贪心的世界里，我只要刚刚好的欲望。欲望如美食，适可而止地品尝，既能帮助我们摆脱饥饿，又能让我们体验到美食美味提供给人类的独特的享受与愉悦。但对于美食的贪吃无度，长此以往，则会对我们的身体健康有害。最常见的是，天天暴饮暴食，高血压、高血脂、糖尿病等“富贵病”就会缠身。欲望也一样，适度的欲望让我们进步、快乐，过度的欲望、无度的追求，则会让我们烦恼、痛苦越来越多，让我们活得越来越疲惫。切记，欲望无边似苦海，适可而止是渡轮。

# 欲望之火若被点燃，烦恼马上会来纠缠

> 情欲犹如炭火，必须使它冷却，否则，那烈火会把心儿烧焦。
>
> ——英国最杰出的戏剧家 威廉·莎士比亚

从前有个百万富翁，每天让他劳神费心的烦心事跟他拥有的财富一样多。所以，他每天都愁眉紧锁，难得有个笑脸。

百万富翁的隔壁，住着磨豆腐的小两口。曾有谚语说，人生三大苦，打铁撑船磨豆腐。但磨豆腐的这小两口却乐在其中，一天到晚歌声笑声逗乐声不断地传到百万富翁的家里。

百万富翁的夫人问老公："我们有这么多钱，怎么还不如隔壁家磨豆腐的小两口快乐呢？"百万富翁说："这有什么，我让他们明天就笑不出来。"

到了晚上，百万富翁隔着墙扔了一锭金元宝过去。第二天，磨豆腐的小两口果然鸦雀无声。原来这小两口正在合计呢！他们捡到了"天下掉下来的"金元宝后，觉得自己发财了，磨豆腐这种又苦又累的活儿以后是不能再干了。可是，做生意吧，赔了怎么办；不做生意吧，总有坐吃山空的一天。

丈夫心里还想，生意要是做大了，是该讨房小的呢还是该休了现在这个黄脸婆；妻子则在琢磨，早知道能发财，当初就不该嫁给这穷磨豆腐的。

寻思呀琢磨呀，之前快乐得很的小两口现在谁也没有心思说笑了，烦恼已经开始占据他们的心。更令小两口痛苦的是，天上为什么不能多掉下几个金元宝呢，这样就能想买什么就买什么了啊？

生活原本没有烦恼，当欲望之火被点燃后，烦恼就来敲你的心门了。生活原本没有痛苦，当你开始计较得失，贪求更多时，痛苦便来缠身了。但归根结底，人之所以痛苦，是因为总是去追求错误的东西；人之所以烦恼，是因为总是对生活中重要的事舍本逐末。其实，远离痛苦与烦恼很简单，只要名利不贪求，只要欲望刚刚好。

有一天，几位大学毕业后多年未见的同学相约去拜访大学时的辅导员丁老师。

丁老师见到大家后很高兴，问他们生活得怎么样。没想到，这一句话就勾出了大家的满腹牢骚。大家纷纷诉说着生活的不如意：工作压力大呀，生活烦恼多呀，做生意的商战失利呀，当官的仕途受阻呀……仿佛都成了时代的弃儿。

丁老师笑而不语，从厨房里拿出了一大堆杯子，然后摆在了茶几上。这些杯子各式各样，形态各异，有瓷器的，有玻璃的，有塑料的，有的杯子看起来豪华而高贵，有的则显得普通而简陋……

丁老师说："大家都是我的学生，我就不把你们当客人看待了。你们要是渴了，就自己倒水喝吧。"

众人正好都说得口干舌燥了，便纷纷拿了自己看中的杯子去倒水喝。等大家手里都端了一杯水时，丁老师说话了。他指着茶几上剩下的杯子说："你们注意了没有，你们手里的杯子都是最好看最别致的杯子，而像这些塑料杯却没有人去选它。"

当然，大家对此都不觉得奇怪，因为谁不希望自己拿着的是一只好看的杯子呢?

丁老师继续说："这就是你们痛苦和烦恼的根源。大家需要的是水，而非杯子，但我们总是会有意无意地去选择漂亮的杯子。这就如同我们的生活——如果生活是水，那么工作、金钱、地位这些东西就是杯子，它们只是我们盛起生活之水的工具。其实，杯子的好坏，并不影响水的质量。如果将心思花在杯子上，我们哪里还有心情去品尝水的苦甜啊。这，不就是自寻烦恼吗？"

财富、地位、名利，这些让很多人欲罢不能的东西，其实只是生活的装饰、生活的虚相而已，并不是生活本身。可惜，这些东西特别容易把我们的欲望之火点燃，令我们全力以赴，甚至奋不顾身地去追逐。殊不知，烦恼正是因此而来。

当我们追名逐利时，为什么烦恼与痛苦就相伴而来呢? 因为我们把生活的重点放错了，忘记了此生的目的，把心思都放在了追求错误的东西上，烦恼与痛苦自然难免。其实，真正的幸福，是杯子里的水，而不是装水的杯子；我们的必需，是刚刚好的欲望，而不是贪得无厌的追求。

## 生活感悟

幸福其实很简单，渴了喝水，饿了吃饭，困了睡觉。如果渴了时关注的是装水的容器而不是水，饿了时关注的是盛饭菜的碗碟而不是饭菜，困了时关注的是床是不是豪华是不是用最名贵的木头打造的而不是床睡起来舒服不舒服，幸福又怎么可能会有？幸福不过是我们那些刚刚好的欲望获得了满足，如：渴了喝，饿了食，困了睡。

# 人生行囊装得越满，前行的我们越疲惫不堪

> 少欲觉身轻。
>
> ——明末清初思想家 黄宗羲

有个富人拥有很多财富，却总感觉不到快乐。他已经厌倦了当下的生活，便决定到美丽而神秘的远方去寻找快乐。一天，富人背上许多金银珠宝出发了，他要去远方寻找快乐。

背负沉重包袱的他上路了。可是，他发现自己走得越远就越是烦躁，觉得根本就不可能有所谓的快乐。走遍了千山万水的他，累得气喘吁吁，根本就没有心思去欣赏野外的风景，体会那闲云野鹤般的悠闲自在。

这一天，一位衣衫褴褛的农夫唱着山歌从对面走了过来。富人忍不住问农夫："你看上去很快乐，对吗？"

"呵呵，是的，我觉得自己很快活。我刚从田地里回来，我的秧苗又长高了一截；在路上，我又幸运地捡到了一些柴火和蘑菇。"

"我什么都不缺，你看我背上有这么多宝贝，可我就是感觉不到快乐，你能告诉我快乐的秘诀吗？"

农夫憨厚地笑了笑说："哪里有什么秘诀啊？想快乐很简单啊，只要你把背负的东西放下来就可以了。"

富人忽然顿悟。是啊，自己背着那么沉重的金银珠宝，腰都快被压弯了，而且一路上担心的事情也太多了：晚上住店时害怕财物会被人偷走，白天走在大路上担心身上的东西被别人抢了去，带着太重不方便，丢下又舍不得。自己成天如此忧心忡忡、惊魂不定，又怎么能快乐得起来呢？如果自己只带够用的银两，然后把心思单纯地放在欣赏身边的自然风光上，或者把身上的金银财宝分发给穷人，让别人得到快乐，也许自己不但能轻松，也能获得快乐呢。

富人真的这样做了，结果他发现，没有了沉重的包袱，他马上获得了轻松和快乐。

另外，他还因为帮助了别人而快乐。原来，快乐是如此简单，只要懂得放下过多的东西，只要学会分享自己的拥有。

有些人整天说自己不快乐，缺幸福，烦恼缠身，却又不知道是什么原因造成的。其实，很多时候，人之所以不快乐，并不是因为快乐的条件还没有齐备，而是活得还不够简单，不懂得适可而止。

为什么小孩子总是快乐的？因为小孩子思想单纯，生活简单，什么东西都能给他们提供刚刚好的快乐。对于一个喜欢零食的小孩子来说，一座金山也不如一包糖果能令他快乐；对于一个喜欢在野外玩耍的小孩子来说，一团可以变幻出各种玩具的黏土胜过满屋子的高级玩具。想想自己还是小孩子时是多么容易快乐，就会明白幸福的源泉在哪里了。

每个人都背着一个空行囊走在人生的旅途上。一路上，我们会捡拾起很多很多东西——地位、权力、财富、友谊、爱情、责任、事业……一路捡拾下来，我们的行囊便渐渐被装满了。由于越来越沉重，会压力越来越大，疲累感越来越强烈，快乐却变得越来越少。

生活原本没有痛苦，没有烦恼，没有忧愁，当欲望太多，计较太多，背负太多时，痛苦、烦恼、忧愁和沉重便产生了。欲望越多，痛苦便越多，幸福便越远离。

只有懂得追求刚刚好的欲望的人，才能享受到人生的真正乐趣；只有懂得不去计较的人，才能享受到左右逢源的和谐；只有懂得给人生行囊减负的人，才能轻装前进，享受到生命之旅中更多的自在、轻松与从容。

## 生活感悟

远行无轻担。在长长的人生之旅中，即使我们背负很少的东西，走得久了也会觉得身心疲累。要是我们还往自己的人生行囊里放太多不需要之物，它们就一定会变成我们“生命中不能承受之重”。唯有懂得适时地给自己的人生行囊减负，背着一个刚刚好重量的人生行囊继续上路，才能更轻松愉快地欣赏沿途的壮丽风景。

# 无度的追求，是痛苦的源泉

生活中有两个悲剧。一个是你的欲望得不到满足，另一个则是你的欲望得到了满足。

——英国剧作家 萧伯纳

有位作家在成名之后觉得自己活得很累，于是向一位得道高僧求教，希望高僧可以给自己指点迷津，让自己脱离苦海。

作家问高僧：“大师，为什么我在出名以后，感觉越来越忙碌，越来越疲惫啊？”

高僧反问道：“你每天都忙些什么呢？”

作家想了一下，说：“我一天到晚都在应酬，到处演讲，还要接受媒体的采访，当然喽，最重要的还是写作。大师，我觉得我的时间根本不够用了，现在我的生活实在太辛苦，我的心已极为疲惫，快不堪重负了。”

高僧转身，打开自己的衣柜，对作家说道：“在我没有出家之前，我买了许许多多漂亮的衣服，你将这些衣服穿在身上，就能明白为什么自己会感觉疲惫不堪了。”

作家疑惑地问道：“大师，我身上穿着的衣服已经足够了，况且您的衣服不一定适合我啊！现在您要我穿上这些衣服，我会觉得很沉重的。”

高僧笑了笑，说：“既然你都知道这些道理，为什么又来问我呢？”

“大师，您的话我还是有些不明白，您能说得再明白些吗？”作家继续问道。

高僧答道：“你自己身上的衣服已经足够了，如果再让你穿上一些不必要的衣服，即使这些衣服再漂亮，你也只会感觉沉重和负担。你是一个作家，并非交际家和演说家，这么多的身份堆积在一起，难道不是在自讨苦吃吗？”

作家听后，恍然大悟。于是，他辞去了各种各样的职务，推却了不必要的应酬，从此专心写作。此后，他再也没有感觉到疲惫和劳累，生活变得越来越快乐，从容与自在。

每个人其实只需要拥有刚刚好的欲望，只需要去追求真正属于自己的东西，去做自己应该做的事，就能获得快乐与幸福，感到自在、逍遥和轻松。

人们常说："术业有专攻。"不是自己的强项却偏要去做，就只会感觉疲惫不堪，压力重重。正如这位作家，写作是他的特长，他的时间和精力能够做好这个专长，就很不错了。如果他既想做好写作，又要分身去做很多不必要的事，去扮演很多别的角色，只会将自己累死。

为了生活，我们不得不去追求，但是无度的追求，只会令我们的欲望日益膨胀，令我们想要追求的东西越来越多，没完没了，没有尽头。

然而，有追求就会有痛苦，而更苦涩的恶果则来自于追求错误的东西。在这个社会里，财富、地位、名利都很容易让人趋之若鹜，欲罢不能。但本质上，这些东西只不过是生活的装饰和虚像，却是我们诸多痛苦的源泉。

人生需要有追求，但想获得快乐与幸福，愉悦与从容，追求刚刚好的欲望与满足即可。财富刚刚好足够让我们应付必要的支出，地位刚刚好给我们带来成就感，足矣。对财富、地位等的无度追求，看起来得到的越来越多，但快乐与幸福却越来越少。为什么呢？因为过犹不及。

那些不适合自己的东西，不妨停止追求的脚步；那些过度的欲望，不妨克制和消减一些。当你想要满足的只是刚刚好的欲望时，当你的追求只是适度的自己确确实实的需求时，你才能尽可能少地遭遇到痛苦与烦恼，尽可能多地收获快乐与幸福。

## 生活感悟

人之所以痛苦不已，在于全力以赴地追求错误的东西；人之所以疲惫不堪，在于不肯舍弃掉那些多余的物欲。只是努力去满足刚刚好的欲望，学会去追求正确的东西，痛苦会少很多，生活里的轻松自在会多很多。

# 欲望过盛，容易画地为牢

人一旦成为欲念的奴隶，就永远也解脱不了了。

——泰国当代著名作家 察·高吉迪

有个书生从家里到一座禅院去，准备找一位高僧。路上，他遇到了一件很有趣的事。他想，就拿这件事去考一考高僧。来到禅院后，书生和高僧一起品茶，一边闲谈。突然，书生冷不防地来了一句：“大师，您知道团团转是什么吗？”

高僧随口答道：“皆因绳子没剪断。”

书生听后感觉很惊讶。高僧见状，问道：“是什么使你有这般表情？”

“不，不，我惊讶的是，您是怎么知道答案的？”书生说道，“我今天在来禅院的路上看到了一头牛，牛的鼻子上穿了一根绳子，牛就被这条绳子拴在了树上。这头牛想离开树去草地上吃青草，谁知它一直绕着树转，就是怎么都脱不了身。我以为大师没看见，肯定猜不出答案，哪知道一下子就说对了。”

高僧微笑着说道：“你问的是事，而我回答的是理。你问的是牛被绳子束缚着不得解脱，而我答的是被俗事缠身不得超脱。如此看来，真是一理通百事啊。”

佛家有云：“利是绳，欲望是牢。每个人身上都系着一根隐形的绳子，其长短由欲望决定，欲望越大，绳子越短；欲望越小，绳子越长。”有时候，我们也如老牛般被欲望的绳子系住了而围着树干团团转，终日原地踏步，无法解脱。

古人常常以“画地为牢”为警语，告诫自己不能因为名利而丧失了本性；而当今的“画地为牢”，则暗示着人世间的各种诱惑，如果被困于其中，就很不容易解脱出来。

人生的道理很多其实都很简单，只是由于我们想得太复杂，所以让我们的生活也随之复杂了起来，进而令牵系在我们身上的绳子更加乱七八糟地缠绕在了一起，最后困住了我们的手脚，令我们动弹不得。

尘世间有些人有着许多欲望，于是乎迷失了本性，从此变得利欲熏心，被欲望支配着。其实，人活在世上，名利都不重要，重要的是快乐。怎样走出欲望的牢笼？追求刚刚好的欲望的满足，避免过盛的欲望。

从前，卫国有一群演技精湛的艺人，因为遭遇了大饥荒，只好远走他乡卖艺求生。他们在路上行走时将要经过一座山，而这座山里据说有许多恶鬼，还有吃人的罗刹。

夜里，山中骤然变冷，呼呼声作响。大家围坐在一起生火取暖，简单地吃了些东西后，便围着火睡下了。半夜里，有个人因为寒冷醒了过来。为了御寒，他随便找了件戏服来穿。没想到，他穿上的是演戏时用的罗刹服，他自己都没在意。穿上后，他便对着火坐着，准备有了睡意再睡。

过了一会儿，一位同伴从睡梦中醒过来，看见火堆旁边坐了一个罗刹。这个人来不及看清楚，便急忙爬起来要逃跑。他这一跑就惊动了其他人，大家也都跟着一起奔逃起来。而那位穿着罗刹服的人也一惊，跟着大家一起跑了起来。

前面的人以为后面追着的“罗刹”要害人，所以更加恐惧，于是更加不顾一切地逃生。结果，有的掉进了水沟里，浑身都湿透了；有的甚至因为摔倒撞到了大石块上而撞伤了腿。大家跑了一个晚上，疲惫至极。直到天亮后，大家才发现，原来后面追着大家跑的“罗刹”其实是自己的同伴。

罗刹，其实是欲望和奢求的化身，它也可以是钱财、权力、欲望、名气。罗刹不在别处，就藏在每个人心中。一旦我们欲望太盛，它就会住进我们心里，时不时地扰乱我们的心神。

人们常用“缩头乌龟”来讽刺胆小怕事的人。乌龟遇到危难时就会躲进壳中，以保护自己。壳对乌龟来说是好事，但如果太依赖壳子，乌龟就只能背着壳行走、游动了。

对于人类来说，功名利禄也很像乌龟身上的壳，对我们有用处，但若太过依赖，就会成为沉重负担。怎么样才能不背负沉重？放下过盛的贪欲，只追求刚刚好的欲望。

## 生活感悟

利是绳，欲望是牢。每个人身上都系着一根隐形的绳子，其长短由欲望决定，欲望越大，绳子越短；欲望越小，绳子越长。想获得更多的自由，过更逍遥的生活，就一定要让欲望尽可能少一些，这样束缚在我们身上的隐形绳子就会长一些。

## 想要的太多，很可能什么也得不到

> 有些人因为贪婪，想得更多的东西，却把现在所有的也失掉了。
>
> ——古希腊著名寓言家 伊索

有个人穷得连床也买不起，家徒四壁，只有一张长凳，他每天晚上就在这条长凳上睡觉。这个人很吝啬，虽然他也知道自己的这个毛病，但就是改不了。

他向老天爷祈祷说："如果我发财了，我绝对不会像现在这样吝啬。"

老天爷看他可怜，就给了他一个装钱的口袋，说："这个袋子里有一个金币，当你把它拿出来以后，里面又会有一个金币，但是当你想花钱的时候，只有把这个钱袋扔掉才能花钱。"

于是，这个穷人就不断地往外拿金币，整整一个晚上都没有合眼，只见地上从里到外都是金币。这一辈子就是什么也不做，这些钱也已经足够他花的了。

然而，每次当他下定决心要扔掉那个钱袋的时候，却都舍不得。于是，他就不吃不喝地一直往外拿着金币。即使屋子里已经装满了金币，他还是对自己说："我不能把袋子扔了，钱还在源源不断地出来，还是让钱更多一些的时候再把袋子扔掉吧！"

最后，他都虚弱得没有把钱从口袋里拿出来的力气了，他还是不肯把袋子扔了。终于，他死在了钱袋的旁边，而这时屋子里装的全都是金币。

这个穷人虽然拿出来了堆积如山的金币，却不知道这些钱只有花掉才是属于自己的，而要花掉这些钱，他必须先把口袋扔掉。他舍不得口袋，所以也就不能真正地得到金币。

很多时候，想要的太多，很可能最后什么也得不到，还会搭上你的本钱，甚至你的身家性命。

在一个寺院里，有一位弟子问无德禅师："世界上最可怕的是什么？"无德禅师说：

“欲望。”弟子满脸疑惑。无德禅师说：“听我讲一个故事吧。”

有一个农民想要买一块地，他听说有个地方的人想卖地，便决定到那里打探一下。到了那个地方，他便向人询问：“这里的地怎么卖呢？”

当地人说：“只要交 1000 块钱，然后就给你一天时间，从太阳升起的时间算起，直到太阳落下地平线，你能用步子圈多大的地，那些地就是你的了，但是如果不能回到起点，你将不能得到一寸土地。”

这个人心想：“那我这一天辛苦一下，多走一些路，岂不是可以圈很大的一块地？这样的生意实在太划算了！”于是他和当地人签订了合约。

太阳刚一露出地平线，他就迈着大步向前疾走，到了中午的时候，当他回头已看不见出发的地方时他才拐弯。他的步子一分钟也没有停下，只是一直地向前走着，心里还在想：“忍受住这一天的辛苦，以后就可以享受这一天的辛苦带来的幸福啦。”

他又向前走了很远的路，眼看着太阳快要下山了，他心里非常着急，因为如果他赶不回起点处，就一寸地也得不到了。于是，他走斜路向起点赶去。可是太阳也马上就要落到地平线下面了。于是他加紧了脚步，只差两步就要到达起点了，但这时他的力气已经耗尽，倒在了那里，倒下的时候他的两只手刚好触到了起点的那条线。那片土地归他了，可这又有什么用呢，他的生命已然失去。

无德禅师讲完这个故事，闭目不语。弟子听完后，若有所悟，马上从这个故事中知道了“世界上最可怕的是什么”这个问题的答案。

世上最可怕的是贪欲无止境。有欲望很正常，因为人都会有欲望。然而，欲望过盛，就会变成贪欲，就容易自寻烦恼，自招痛苦，甚至引来灾祸。正常的欲望会让我们生活得丰富多彩，但强烈的贪欲则会害了我们，因为想要得到的东西太多了，反而会让我们一无所有，还有可能失去自由，甚至生命。

在一座森林里，有几只野猪非常凶悍，经常威胁到森林边上的村里人的安全，但受害最大的是经过森林的人，几位有经验的猎人很想捕获它们，但这些野猪却很狡猾，从不上当。

有一天，一个老人领着一匹拖着两轮车的毛驴，走进了野猪出没的村庄。车上装的是木料和谷粒。老人告诉当地人说他要帮他们捉野猪。早已失望至极的人们不相信，甚至嘲笑他，因为他们认为既然年轻力壮、经验丰富的猎人都做不到的事，一位白胡子老头又怎么可能做得到呢。

但老头还是进了森林，他首先寻找到野猪经常出没寻食的地方，然后就在空地中央撒上少许谷粒作为诱饵。那些野猪起初吓了一跳，可经不住诱惑，便好奇地跑了过去，由领头野猪开始闻味道，然后猛尝一口，其他野猪也跟着吃了起来。

第二天，老人又多加了些谷粒，并在几尺远的地方竖起了一块木板。那木板吓跑了野猪，但是谷粒的美餐，大大地吸引着那些野猪，不久，又返回来吃了。

就这样，老人每天在谷粒周围多加进一些木板，每次野猪总会远离一阵子，但最终还是会走进去吃谷粒。

两个月后，围栏做好了，而那些野猪照样无所顾忌地走进去吃谷粒，最终自然都被关在了围栏里面。

世界上哪有白吃的午餐啊，天上掉馅饼的地方，地上往往是一个陷阱。贪欲过盛，“贪吃”过甚，最终会引导你走进“围栏”，再也走不出来，从此失去自由和幸福。

可见，想要的越多，越贪心不足，很可能会什么都得不到，甚至连自己所拥有的，都会全部失去。

想要稳稳当当地拥有我们真正需要的东西，只需要满足刚刚好的欲望即可；想要紧握住我们已经获得的东西，只要不贪求即可。

## 生活感悟

得到需要的，是福；贪求过多的，是累。人生的需求如同吃饭，只能吃两碗的饭量，如果贪图饭菜的美味多吃了两碗，则不但不能正常享受多吃的好处，还会因为胃承受不了而撑得很难受。幸福很简单，满足刚刚好的欲望即可，正如你的饭量是两碗，而你饿了时吃到了两碗饭。

## 适度欲望滋养生命，过度欲望吞噬灵魂

> 欲望是人遭受磨难的根源。诚然，欲望可以使人得到欢乐和幸福；但这欢乐、幸福的背后却是苦难，乐极是要生悲的；一切欲望实现之后，却也免不了灾难。
>
> ——埃及作家 尤素福·西巴伊

有两个佛教信徒相伴前去圣山朝圣，并立下誓言，不达圣山，绝不返家。

在行走途中，他们遇到了一位白发长者。看到二人风尘仆仆地去圣山朝圣，白发长者十分感动地跟他们说："到圣山还需要10天的路程，看在你们这么虔诚的分上，我决定送给你们一个礼物。第一个许愿的人会马上实现愿望，而第二个人可以得到那个愿望的两倍！"

听完之后，其中一个信徒心想："虽然我早就想好了自己的愿望，可是我不能先说出来，否则我会吃亏的！"另一个信徒心里面也在打着自己的小算盘。于是，两个人开始相互推托起来，最后气氛越来越僵，两个人便吵了起来。

原来，这其中一个信徒心里想：我没有办法得到的东西，你也休想得到！于是，他便狠心地说道："我先说，我希望我瞎掉一只眼睛！"愿望马上成为现实。他的一只眼睛很快瞎掉了，而他的同伴则变成了一个盲人。

白发长者送给二人的原本是一份非常美好的礼物，可在贪念的挑拨怂恿下，这对好友变得水火不容，原本是一件可以双赢的事情，最终却演变成了一场悲剧！

《楞伽经》里面如是写道："凡愚妄想，如蚕作茧；以妄想丝，自缠缠他。"也就是说，我们心中的欲望就像是春蚕所吐出来的丝一样，心中的欲望越多，我们就会被束缚得越紧，最终成为自己所建造的监狱里面的囚徒。很多时候都是我们自己制作出了这种恶念，然后反受其害。事实上，并非很多东西我们不曾拥有，只是因为欲望的膨胀让我们始终不会满足，于是忧愁、嫉妒等不良情绪便随之产生。

有个人去沙漠寻宝，还没有找到宝藏，自己所带的食物和水都已经消耗殆尽。绝望之下，他只能静静地等待死亡的降临。临死之前，他祷告道：“神啊，你若有在天之灵，就帮助我一下吧!”没想到，神居然真的出现了，问他道：“你想要我怎么帮助你？”

“给我点食物和水就可以了，不用很多。”他连忙说道。

神果然给他送来了食物和水。待恢复了体力后，他又继续向沙漠的深处走去，而且他很幸运地找到了藏宝地，然后贪婪地将宝藏里的宝物往身上装，直到装满了身上所有的口袋，他才依依不舍地作罢。

这时，他的食物和水已不多。他带着宝物往回走，因为食物的供给不足，体力也跟着下降，所以他不得不边走边扔着带在身上的宝物。他扔完了所有宝物，却还是没能走出沙漠。弥留之际，神又出现了，并问他道：“你现在最想要我给你什么？”

“食物和水，更多的食物和水！”他奄奄一息地回答道。

过度的欲望就像是一杯又咸又苦的海水，只会越喝越渴。这位寻宝之人在弥留之际，心中仍然充满着无限的欲望，而这种欲望逐渐变成了贪婪，最终令自己陷入到了“越喝越渴”的恶性循环之中。

贪欲是人的一大本性之一。适度的欲望可以促使我们进步，也像适度的食物般滋养我们的生命，但过度的欲望却会吞噬我们的灵魂。例如，对于现代社会中到处充盈着的诱惑，心存贪欲的我们很容易就会受之影响，从而变得失去自我，然后开始铤而走险。最终的结果往往是，我们原本以为自己是在追逐财富，其实我们正在丢失自己原本拥有的最宝贵的财富！怎样走出这种歧路呢？只满足我们刚刚好的欲望，只追求我们生命中的必需品。

## 生活感悟

欲望如盐，太少了会令生活的菜肴没滋没味，太多了会令人咸得无法下咽，望菜兴叹。欲望如煲汤，拿捏好火候的度是关键，火太猛了或者太弱了，煲出来的汤都不好喝。欲望对人生也有利有弊，适度的欲望让我们不断进步，滋养我们的生命，令生命充满了活力，生活充满了精彩；过盛的欲望，则会让我们迷失方向，身心受害。

# 不贪，再高明的骗子也骗不到你

> 自己的种种欲望，过着无求的生活；那么，他才算主宰了自己的生活，掌握了自己的命运。
>
> ——埃及作家 尤素福·西巴伊

在生活中，很多人都有过被骗的经历。许多骗术，与其说是骗子高明，不如说是受骗上当者自己愚蠢。骗术之“骗”，要奏效，要百战百胜，无不“落实”在受骗上当者贪图利益、贪占便宜的心态上。

有一对卖服装的兄弟在经营中常常借“耳聋”来促销，很是发了一笔财。两兄弟的办法是，总是安排一个人扮演成商店的雇员去热情地接待顾客，耐心细致地为顾客介绍某款衣服的特点。顾客觉得各方面都满意后自然就会询问衣服价格：“这件衣服卖多少钱？”

“雇员”这时就把手放在自己耳朵边问道：“您说什么？”

顾客提高声音问：“这件衣服卖多少钱？”

“雇员”这时才仿佛明白了顾客的意图，于是立刻对顾客说：“十分抱歉，我的耳朵有些背，等我问一问老板，再回答您。”

然后他转过身去向里边的老板大声地问道：“老板，这件衣服卖多少钱？”

里面的老板马上站起来，看了看服装，然后说：“72 元。”

“多少？”“雇员”装作没听清，又问道。

“72 元！”老板此时变声答道，很不耐烦的样子。

“雇员”回头一脸笑容地对顾客说：“42 元一件。”很多顾客一听，赶紧掏钱买下这款衣服，然后匆匆离去。

牢牢抓住了顾客贪便宜的心理，这对兄弟促销的“骗局”一次又一次得逞了。

在我们的生活经历中，是否也有这种趁着“别人”的“耳聋”占了几十、几百、几千，甚至几万元的便宜还欣欣然而去的“片断”呢？如果有，那么九成你也被骗过了，被事后想来并不高明的骗术给骗了。

当我们意识到被骗后，往往会大骂骗子的可恶。然而，与其诅咒骗子的狡猾和诡谲，不如低下头来检视自己的心灵是否被一时的贪欲所蒙蔽。要知道，这才是一切骗术之所以成为骗术的根本。

事实上，只要我们不贪，内心只想要刚刚好的东西，那么，再高明的骗子也骗不到我们，再富有迷惑性的骗局也别指望我们会身陷进去。

无果禅师为了专心参禅，在深山里一住就是 20 年。这些年里，有一对母女一直细心地照料他。然而 20 年过去了，他还是没有取得太大的成就，他认为自己无法在那里修行得道，所以打算出去寻师访道，以解除心中的疑虑。

临行前，母女二人对他说："禅师，您再多留几日吧，路上风寒，容我们为您做一件衣服。您带着衣服再上路也不迟。"盛情难却，禅师只好点头答应。

母女二人回家后，马上着手剪裁衣服。衣服做好了，再包了四锭马蹄银，送给无果禅师做路费。禅师心怀感激，接受了母女二人的馈赠。然后，他收拾行李，准备第二天一早就起程。

晚上，他坐禅养息。半夜突然来了一个童子，后面还有许多人吹拉弹奏，扛着一朵很大的莲花。童子来到了禅师的跟前，说："禅师，请上莲台！这就是你要去的地方。"

禅师心想："我的修行还没到这种程度，这种境况来得太早了，恐怕是魔境。"于是不再理会童子。但童子一再地说："机会只有这一次，错过了就不会有了。"

无奈之下，无果禅师把自己的拂尘插在了莲花台上。童子和诸乐人高兴地离去了。

第二天早上，禅师正要动身时，母女二人手中拿了一把拂尘，问道："这可是禅师之物？昨晚怎么会从家里的母马的肚子里生了出来？"

无果禅师听后异常吃惊，说道："若不是我定力深厚，今天已经是你们家的马儿了。"于是他将马蹄银还给了母女二人，然后作别而去。

突然而至的好运，很可能是魔境和厄运；天上往下掉馅饼的地方，很可能是陷阱；让你觉得轻轻松松就赚到了的机会，很可能是一个骗局。怎么样才能让自己不身陷魔境、陷阱，如何才能躲过厄运与骗局呢？只追求刚刚好的欲望，只满足刚刚好的需求，不贪婪，拒绝诱惑。

想起了这样一则寓言。小鱼问大鱼："妈妈，我的朋友告诉我，钓饵上的东西是最美的，可就是有一点点危险。要怎样才能尝到这种美味而又保证安全呢？”

“我的孩子，”大鱼说，“这两者是不能并存的，最安全的办法就是绝对不去吃它。”

“可它们说，那是最便宜的，因为它不需要任何代价。”小鱼说。

“这可完全错了，”大鱼说，“最便宜的很可能恰好是最贵的，因为它需要你付的代价是整个生命。你知道吗，它里面裹着一只钓钩呢！”

“要判断里面有没有钓钩，必须掌握什么样的原则呢？”小鱼又问。

“那原则其实你都说了。”大鱼说，“一种东西，味道最美，又最便宜，似乎不用付出任何代价，这时钓钩很可能就藏在里面。”

这是一个关于鱼的故事，更是一个关于人的故事。人生常常面临着各种各样的诱惑：美味的诱惑，金钱的诱惑，权力的诱惑，机会的诱惑……这种种诱惑，只要不是耕耘的必然回报，只要不是汗水的必然收获，它就绝对是别人或者苍天垂下的“钓饵”。可惜，并不是每个人都能看破这一点。

许多人就像那水中的小鱼，对这些“钓饵”垂涎三尺。贪欲使他们不愿意放过任何可以捞“油水”的机会，他们相信总会有办法既占到便宜又能避开危险。于是，悲剧就同时在水里和岸上上演了：水里，一条又一条小鱼上了钩，成了垂钓者的下酒菜；岸上，一个又一个人被“饵料”套牢，成为挡不住的“诱惑”的一个又一个牺牲品。

被贪欲蒙蔽的心灵必定会有侥幸之树在疯长，被贪欲蒙蔽的眼睛必然会对钓钩视而不见。有谁见过人世间的贪官贪着贪着就突然金盆洗手脱饵而去的？只有在身陷囹圄或者走向刑场时，他们才会对“美味”后埋伏着的大危险有所领悟。

远离那令人垂涎三尺的钓饵，就绝不会成为垂钓者的下酒菜；只满足刚刚好的欲望，绝不贪心，把贪欲之兽牢牢地锁在笼子里，则再高明的骗子也骗不到你，伪装得再好的陷阱也休想让你掉进去。

### 生活感悟

“一种东西，味道最美，又最便宜，似乎不用付任何代价，这时钓钩很可能就藏在里面。”大鱼的这一无价的心得，来自于它的千千万万因贪饵而吞了钩的同类的血的教训。想要让我们的人生不掉进危险的陷阱，不受害于花样百出的骗局，不妨也记住大鱼的话：“最安全的办法就是绝对不去吃它。”

## 欲望无边似苦海，适可而止是渡轮

> 能力有限，欲海无边：人是贬入凡间的神，他没有忘记天国的一切。
>
> ——法国作家、诗人 拉马丁

有位得道高僧下山去弘扬佛法。他在一家店铺里看到了一尊佛像，佛像为青铜铸造，神态安详，栩栩如生。高僧心中大悦，觉得若是能将其带回寺中，开启佛光，虔诚供奉，必定会有许多善男信女前来参拜。

没想到，店铺老板见高僧对佛像如此喜爱，竟索要 8000 元的高价，分文都不能少。高僧无奈，只好放弃，空手离开了店铺。

回到寺院后，高僧和弟子们谈起了此事。大家都很是好奇，问高僧准备花多少钱去买下这尊佛像。

高僧说："800 元足矣。"

弟子们都难以置信。高僧解释道："欲壑难填，得不偿失，我佛慈悲，普度众生。"

弟子们闻言，问道："您想怎么普度店铺老板呢？"

高僧笑道："你们只管按照我的吩咐去做即可。"

隔天，第一个弟子下山去到店铺，和老板讨价还价，弟子咬定 6000 元，未果后便回到了寺庙。翌日，第二个弟子去和老板谈价，咬定 5000 元不放，同样未果。就这样，到了第九天的时候，价格已经被高僧的弟子们压低到了 200 元。

眼看着买主给的价格越来越低，店铺老板很是着急。这一日，当他看到高僧又来了，便二话没说就以 800 元的价格卖给了高僧，同时还赠送给了高僧一个佛龛台。

离开店铺前，高僧向店铺老板作揖道："欲望无边，凡事有度，适可而止，阿弥陀佛！"

欲望有很多，有的人渴望金钱，有的人渴望美女，有的人渴望权势……欲望就像是无底洞，渴望得越多，洞底就越深，越难把它填满。

佛家常说："苦海无边，回头是岸。"欲望无边似苦海，适可而止是渡轮。站在欲望的无边苦海面前，又有几个人可以全身而退呢？店铺的老板如果懂得退一步海阔天空、欲望虽好但要适可而止的道理，也许能将佛像多卖一点价钱。

当婴儿呱呱坠地时，欲望便开启了。上个好学校，拿个好名次，买套好房子，开辆好车子。因为欲望越来越大，想要追求的东西就会越来越多，结果反而很容易导致最终得不偿失。君不见，有多少股民因为一点点蝇头小利，弄得自己最后倾家荡产；有多少商人因为想多赚一些金钱，到最后迷失了自我；有多少人每天都起早贪黑地去追求身外之物，到最后却发现并不是自己真正想要的，然而悔之晚矣！

正因为欲望无边，深不见底，所以绝大多数人都不容易满足，都会有这样那样的遗憾。英国大科学家牛顿在临死的时候还在想"再给我一点时间，我就能弄出一台穿梭机来了"；福特临死的时候还在想"再给我点时间，我就能弄出一台飞行汽车来了"。谁能真正地满足过呢？谁会没有这样那样的遗憾呢？

有位哲人说过："两弊相衡取其轻，两利相权取其重。"的确，在凡尘中，我们每个人都背负着太多的责任，如果全部丢掉，那人生将会毫无意义。但不舍弃一些，又会不堪重负。这时，学会放弃就成为了一门学问。

有一位无氧登山运动员，在攀登珠穆朗玛峰的过程中，当攀登到 7000 米高度的时候，逐渐感觉体力不支，于是停下来与队友打个招呼就悠然下山去了。

事后，有人为他感到惋惜，问他为什么不再坚持一下呢？他回答得很干脆："不，我很清楚，7000 米已经是我的极限，它是我攀登的最高点，我一点儿也不遗憾。"这位登山运动员是有大智慧的人，深谙"刚刚好"的哲学。

欲望无边，适可而止。然而，又有多少人将这八字真言牢记于心呢？敢于放弃、善于放弃、乐于放弃的人，他所拥有的快乐和幸福是其他人望尘莫及的。

老天爷总是会给人们太多的考验，有时候他希望世人"知难而进"，有时候又希望大家"知难而退"。知难而进还是知难而退，关键看具体情况。但世人仿佛误解了，常常以"知难而进"为荣。

知难而进本身没有错，但是，若现实不允许你知难而进了，你还进的话，就叫做愚蠢和鲁莽，后果将极其严重。如果刚才提到的那位运动员"知难而进"，继续攀登，结果很可能会死于山上。幸而他很理智，懂得"适可而止"的道理，所以不选择"知难而进”，而是断然“知难而退”。

欲望无边，适可而止。有些欲望该舍弃就要断然舍弃，有些贪求该停止的就要断然停止。例如，停止对金钱的过度贪婪，停止对地位的过度渴望，傍止对权力的过度索求，停止对“丰功伟绩”的过度追求……

当你懂得适时舍弃时，你会发现，幸福原来如此简单；当你能学会停止时，你会发现，快乐原来如此容易；当你深谙“刚刚好”的哲学时，你会发现，活着原来可以如此从容舒心，如此自在愉悦。

## 生活感悟

每个人都有欲望，有些人欲望特别强烈，有些人欲望比较少。有欲望很正常，但如果欲望过盛，索求无度，就很容易让自己得不偿失，甚至损失惨重。只有适可而止的欲望，对我们才是有益无害的。须知，欲望无边似苦海，适可而止是渡轮。

# CHAPTER 2

# 幸福真谛，知足而已

在这贪心的世界里，我只要刚刚好的幸福。烦恼皆因多欲求，痛苦皆因不知足。谁不希望自己幸福呢？然而，大多数人都觉得自己经常不幸福。为什么会这样？因为不知足。幸福真谛不深奥，知足而已；幸福其实很简单，只满足自己刚刚好的欲望，只追求刚刚好的所需。家有黄金数吨，每日也不过吃三顿饭；金库里有再多的金银财宝，一辈子也花不了多少。反而，物欲过盛容易让人背负上沉重的负担，活得压力山大，疲惫不堪。不如学一套“知足之法”，让自己过一种“刚刚好”的生活。懂知足，能适度，知节制，才是身体健康、心情舒畅的法宝。

# 烦恼皆因多欲求，痛苦皆因不知足

谁要是在内心里真正是知足常乐，他就能获得一切幸福。

——《五卷书》

吕洞宾是“八仙”之一，他乐于助人，凡间更有“狗咬吕洞宾，不识好人心”的谚语。有一次，他从天界来到人间，想要渡化陷入苦难中的人们。在半路上，他遇到了一位少年。少年正坐在地上流泪不止，于是，他上前问道：“朋友，你为什么要哭呢？是不是遇到了什么困难？”

少年抬起头，叹了一口气，然后说道：“我母亲病了，可是家里没有钱给她看病，我本来想出去做工赚些钱回去，但又担心母亲独自一人在家，没有人照顾她。”

吕洞宾一听，心里对少年赞叹不已，因为人世间难得有这么孝顺的孩子了。为了帮助少年走出困境，他使用法术，对着路边的一块石头一指，石头立刻变成了黄金。

当他把黄金给少年的时候，少年摇头不要。吕洞宾心里更是欣慰，没想到少年不仅孝顺，还不贪财。于是，他问道：“我给你黄金，你怎么不要呢？这块黄金可以让你们母子几年衣食无忧了啊！”

少年盯着吕洞宾的手指，说道：“你给的黄金总有一天会用完，但如果我能拥有你的金手指，以后我要是想要黄金，随手一指便有了。”

吕洞宾听完后，大为失望。因为感叹少年的贪婪、不知足，他带着黄金便离去了。

有位著名的漫画家把人生比喻成橘子。他说：“有一种橘子的个头很大，但却很酸；有一种橘子的个头很小，但味道却很甜。拿到大橘子的人，会抱怨橘子酸；拿到甜橘子的人，则会抱怨橘子小。”这就是不知足。在上述这个故事中，少年过于贪婪，最后连那块黄金都没有得到，而他不知足的心，也很容易使他感觉很不快乐。

何为知足呢？知足，就是接受自己当下遇到的一切，能随遇而安，活在当下，明白一切都是上天给自己的刚刚好的安排；知足，就是知道自己刚刚好需要多少物质享受、多少精神食粮。

知足是一种心态。能知足的人明白，是自己的跑不了，不是自己的强求也没有用。在尘世中，我们所处的身份、年龄、性别的不同，知足之心也不一样。孩童会因为一个玩伴、一块糖果而知足；少年会因为一个篮球、一双旱冰鞋而知足；中年会因为一个美满的家庭而知足；而老年则会因为儿孙满堂、欢声笑语而知足。

知足，才会感受到真正的快乐，品味到真正的幸福。不知足，生诸烦恼，让我们陷入不快乐的泥淖之中。

有个老魔鬼看到世间的人们生活得太幸福，于是想扰乱一下。他先派了一个小魔鬼，让其扰乱一个快乐的农夫。因为这个农夫每天都勤劳地工作，但是收获却少得可怜，老魔鬼不明白农夫为什么会快乐。

小魔鬼来到凡间后就想，究竟怎么样才能把农夫变坏呢？于是，他把农夫的田地变得硬邦邦的，想让农夫耕起地来更辛苦。农夫辛苦地耕了半天，在烈日底下汗流浃背，累了的时候只是休息一会儿，然后又会继续耕地，但却没有一点儿抱怨。见这个方法失败，小魔鬼只好垂头丧气地回去了。

第二天，老魔鬼重新派了一个小魔鬼去，他吩咐这个小魔鬼，要它拿走农夫的面包和水。到了中午，农夫去拿自己的午餐时，才发现自己吃的喝的都不见了。他想："也许是被可怜的人拿走了吧，又或许别人比我自己更需要这面包和水，如果这些吃的喝的能够帮助到别人，即使被拿走了我也很快乐！"

于是，第二个小魔鬼又失败而归。这让老魔鬼很奇怪，难道真的没有办法把农夫的心情弄坏吗？这时候，第三个小魔鬼对老魔鬼说："我有办法。"老魔鬼便让它去害那位农夫。

第三个小魔鬼想办法接近了农夫，还和农夫做了朋友。因为小魔鬼有预知的能力，所以他告诉农夫明年天会有干旱，所以他教农夫把稻种种在了湿地上。隔年，只有农夫收获了，也因此变得富足了。此后，在这个小魔鬼的帮助下，农夫变得越来越有钱。

渐渐地，农夫开始不工作了，他要求小魔鬼继续给他制造财富，而他自己也变得经常乱发脾气。老魔鬼见农夫终于变坏了，就问小魔鬼是怎么做到的。

小魔鬼说："我只不过是让他拥有的比需要的多，从而引发了他的贪婪。"

人之所以痛苦，是因为内心的欲望得不到满足。人的欲望越盛，贪心越大，越容易患得患失。农夫原本有一颗很容易满足的心，所以他很快乐，因为他那时候追求的东西并不多，认为自己拥有的刚刚好。但是，随着欲望越变越大，他内心的本质也改变了。换言之，正是不知足，剥夺了他的快乐；正是不知足，剥夺了他的人生。

知足者常乐，少欲者离苦。当我们真正做到了少欲知足，我们内心中的各种疾苦便会烟消云散，我们就能享受到真正的快乐与幸福。

## 生活感悟

烦恼皆因多欲求，痛苦皆因不知足。一个内心充满欲望的人，能使平静的心湖掀起汹涌波涛，即使身居深山古刹内心也无法平静。一个内心毫无欲望的人，即使置身于盛夏酷热之中，也能感觉到浑身凉爽，甚至住在闹市里，也感受不到喧嚣与烦躁。

## 知足之法，即是富乐安稳之处

> 奢侈会破坏人们的心灵纯质，因为不幸的是，你获得愈多，就愈贪婪，而且确实总感到不能满足自己。
>
> ——法国画家 让·安格尔

有个人得到了一张藏宝图，然后立刻准备好一切旅行用具，接着便来到了放置宝藏的地方。他一路上披荆斩棘、跋山涉水，终于找到了第一个藏宝地点。这个藏宝地里藏着的全是金币。

在看到这些金币的时候，他完全震惊了，赶紧掏出袋子，把所有的金币都装在了里面。等他离开这个地方的时候，突然看见门上写着一行字："知足常乐，适可而止。"

看到这条警示语，他并没有放在心上，而是扛着大袋子来到了第二个宝藏处，这里面储藏的是堆积如山的金条。他兴奋极了，又拿出袋子装满了金条。

这时，他看到墙上刻着："贪心让人步入深渊。"但是一心想发财的他，完全忽视了这个警告，反而迫不及待地走向了下一个藏宝地点。

第三个地方放着一颗钻石。他贪婪地拿起钻石，放入了袋子当中。

当他准备离开的时候，他发现这颗钻石下面有一扇小门。他想："这个门的下面一定有非常多的财宝。"于是，他毫不犹豫地推门跳了下去。

没想到，小门的下面是一片流沙。这个人在流沙中越陷越深，最终与金币、金条和钻石一起长埋在了流沙下面。

如果这个人能够适可而止，看到警示之后马上离开，也许能够成为一名真正的富翁。可是心中的贪欲，让他没有办法克制自己，从而一步步走向了深渊。本有机会获得幸福，却因没能及时止步，最终付出了生命的代价。

佛陀说过："知足之法，即是富乐安稳之处。知足之人，虽卧地上，尤为安乐；

不知足者，虽处天堂，亦不称意。不知足者，虽富而贫；知足之人，虽贫而富。不知足者，常为五欲所牵，为知足者之所怜悯，是名知足。”

心中难以满足的欲望激发人们心中形成了更大的欲望，成就了“人往高处走，水往低处流”的追求；可是从另一方面也造就了“有了千田想万田，当了皇帝想成仙”的人性弱点。当我们任由心中的欲望发展的时候，生命便会因此陷入“苦求”的轮回。

追求愈多，痛苦愈多。当一个人不懂得知足时，就不会获得真正的幸福；容易满足、懂得知足才是获得幸福的捷径。

幸福就好像一座金字塔，心中的欲望经常会鼓励我们不断地向塔尖攀登。殊不知，越往上，幸福越少。大千世界，属于我们的只是沧海一粟而已，又何必为了那些不必要的东西而失去更多呢?

虎狼虽然贪婪，可只争取一餐之食；蝼蚁虽然愚昧，也懂得知足而止。可是我们人类的心，总是会指引着我们去寻找一些原本不属于我们自己的东西，因此我们永远都不会满足。

乱花渐欲迷人眼，放下贪婪见幸福。别总想“抓住”，不要让自己的神经总是处于紧绷的状态，要学会淡然地面对一切，微笑着看待得到和失去。只有当我们不再去强求生命的赠与时，我们的人生才能增加一抹抹亮色，我们的心灵才能得到淡然和宁静。

## 生活感悟

欲，人之常情，但须有度；若贪婪，终会自我毁灭。贪婪是最真实的贫穷，满足是最真实的财富。能放下贪婪的人，是读懂了人生的人；能知足常乐的人，是幸福眷顾的人。

## 家有黄金数吨，一天也只能吃三顿

> 家有黄金数吨，一天也只能吃三顿；豪华房子独占鳌头，一人也只占一个床位。
>
> ——原江苏省华西村党委书记 吴仁宝

有个农夫骑着毛驴在路上走，看见前边有位富绅骑着枣红马，挺威风凛凛的。农夫很自卑地长叹一声：“我这辈子要是能有一头枣红马，那该有多好呀，这头小毛驴走起来实在太慢了！”越是这样想，农夫的内心越不平衡，越不平衡心情就越糟糕。

走着走着，这时农夫回头一看，发现自己的后面居然有一位挑着担子被压弯了腰的老汉，累得汗流浃背。见此情景，农夫恍然大悟，自己与前面的富绅无法相比，但却比后面挑着担子的老汉要强上百倍了。想到此，农夫的心里开始感到很知足，很快乐。

这个故事告诉我们，知足常乐。所谓人比人气死人，人与人之间实在没有多大的可比性。有的人官运亨通、财源滚滚，诸多好事得来全不费工夫。但轮到自己就不同了，虽千辛万苦，百般努力，可自己想要达成的目标依然可望而不可即。每当此时，我们该怎么办？怨天尤人？没用。抱怨命运的不公？无济于事。撒泼骂街？只能丢人现眼。最好的办法，是放下贪欲，看淡功名利禄，懂得知足常乐，只满足刚刚好的欲望，活好每一天。

追求快乐是人的天性。哪个人不愿意自己生活得快乐呢？有人说，人生来就是痛苦的，哪有快乐可言？确实也是。很少有人生来就是快乐的，要不然为什么人一出生，发出的第一声是哭声呢。正因为人生会有很多痛苦，所以我们才应该努力追求快乐。人生活的根本目的是什么？归根到底就是为了快乐。例如，成功的事业、富足的家产、自我价值的实现……其实都是为了最终的快乐。

快乐的反面是痛苦。痛苦何来？人生来就是要追求快乐的，生来便具有各种欲望。这些需要和欲望应该要得到满足的，而一旦得不到满足，即理想与现实之间出现了差距时，人的需要便产生了匮乏，于是便产生了痛苦。而人越是痛苦，就越觉得快乐的可贵，就越会拼命地去追求快乐。当他得到了新的快乐时，新的痛苦又产生了。于是痛苦没有止境，因为人的欲望没有止境。

人的痛苦很大一部分就是因为欲望得不到满足所致，心力交瘁的疲惫感也大多由此而产生。没有钱的时候想有钱，有了钱以后又想要有更多的钱；没有老婆的时候想有老婆，有了老婆之后想有儿女；有了病想健康，有了健康想长寿……人的欲望无穷无尽。生活在欲望里的人对生活永远不会满足，所以总是活得很累。由于永不知足，所以永远不会有长久的快乐。

人的欲望是无穷尽的，人的妄想是无止境的，生活在妄想里的人们对生活是永远不满足的，所以他们总是活得很累，他们有较强的虚荣心，喜欢攀比，见不得别人比自己好。永不知足，自然总是不快乐。

要想快乐，唯有放下贪欲，放下妄想。怎样放下？知足。何谓知足，就是自知满足，不做过分的企求，只追求刚刚好的幸福。

每每谈起知足，人们总以为那是人的惰性流露。其实不然。知足，来自于一种快乐的处事心态，源自于内在精神世界的充实、丰富，以及应付人生世事的自如圆熟。

人追求高一点的生活目标，为之奔波忙碌，这在人生里是最正常不过的事。但生活所能提供的，用来满足欲望的东西却总是有限的。在现实生活里，“足”是相对的、暂时的，“不足”则是绝对的、永恒的。假如一个人处处以“足”为目标而去不懈追求，那么他所得到的结果将是永远的不足；如果一个人以“不足”为生活的事实予以理解和接纳，那么他对生活的感受反倒处处是足的。

想快乐，要先学会放下贪欲；想放下贪欲，要先懂得知足。只有知足才能常乐。所谓知足，是一种平和的境界；所谓常乐，是一种豁达的人生态度。

知足常乐，在烦躁与喧嚣中，会过滤压抑与深沉，沉淀默契与亲善，澄清本真与回归，久而久之，便会让人步伐轻盈，精力充沛。

知足之“乐”，是无法用名利换来的。清末名臣林则徐说过一句名言：“有容乃大，无欲则刚。”这句名言所说的，就是一种淡泊名利、知足常乐的精神。

原江苏省江阴市华西村的党委书记吴仁宝，是一位传奇式的人物。自从他接管了华西村后，华西村在全国率先成为了“电话村”“彩电村”“冰箱村”“管道煤气村”“空调村”“别墅村”“轿车村”“全国首富村”。当地村民给他的评价是“身体过硬、思想过硬、作风过硬，华西人离不开他”。

多年来，吴仁宝恪守“不领全村最高工资，不住全村最好房子，不拿高额奖金”的“三不”原则，就连华西镇人民政府每年批准他拿 100 万元奖金，他也分文不取。

对此，吴仁宝的解释是：“家有黄金数吨，一天也只能吃三顿；豪华房子独占鳌头，一人也只占一个床位。”这句话体现了吴仁宝事业成功后的博大胸怀和“身外物，不奢恋”的知足心态。

适度的欲望会促使人们不停地拼搏和奋斗，过分的贪欲则会变成一种负担。如果一味地陷于其中，便会错过许多人生乐趣。而欲望少了，便能细细品味出人生的幸福。

## 生活感悟

知足者知道无止境的欲望带来的痛苦，所以能干干脆脆地放下过多的欲望，只保留刚刚好的欲望，从而避免了很多痛苦。在能实现的欲望面前，你努力为之奋斗，一旦得到了自己的所求，成就感和快乐便油然而生。这样一步一个台阶地走，不奢望，不贪求，才能收获更多实实在在的快乐感、幸福感。

# 生命之舟载不动太多物欲，请学会“卸载”

> 我学到了寻求幸福的方法：限制自己的欲望，而不是设法满足他们。
>
> ——英国诗人 弥尔顿

美国“石油大王”约翰·洛克菲勒在33岁的时候，就已经有了一百万美元的积蓄（当时美国普通人一年的收入才几百美元）；到了43岁的时候，他创立了世界上最大的石油公司——标准石油公司；到了53岁的时候，他怎么样呢？53岁的他正被忧虑困扰着，还得了怪异的消化不良性疾病，眉毛稀少，睫毛脱落，甚至罹患了神经性秃头病。

事情为什么会到了如此严重的地步呢？是高血压疾病、高度紧张的生活和烦闷所造成的。他是自作自受，险些把自己推入到了坟墓里。因为他在拿生命换金钱。认识他的人都说：“洛克菲勒除了听到赚钱的事情外，很难得见到他露出笑容来。”当他得知赚钱的消息时，会兴奋地把帽子丢在地上，高兴地跳跃着；如果是亏损的话，他就会生病。

洛克菲勒虽然拥有亿万美元的身家，但却日夜都在忧虑着钱是不是会消失或者赔掉，整个人一直担心着这些问题，因此使得他的健康遭到了很大的破坏，尤其是他一向既不运动也不娱乐，更从来不看电影、打牌或参加任何的宴会。直到后来，他发现了一件更让他感到奇怪的事情：他尽量使自己忘却“身体有毛病”的恐惧，可是他依然无法逃过失眠、消化不良、秃头、烦恼的侵袭，他不能否定肉体开始衰坏的征兆。

后来，医生终于告诉了他一个可怕的事实，即他必须在金钱、忧虑、生命这三样里面挑选一样。为了他的生命，医生警告他要么立即退休，要么任由生命之树枯萎。洛克菲勒选择了立即退休，而这最终挽回了他的性命。

洛克菲勒开始学习打高尔夫球、种花、跟邻居聊天、唱歌、打桥牌等等。总之，他做了很多很多有益于其身心健康的活动。也正是从那时候开始，他有生以来首次不思考如何去赚钱，而是去思考金钱到底能带给人多少幸福。

他开始大力去做慈善。洛克菲勒财团的慈善义举可称得上是空前绝后，独一无二的。每当知道世界某处有理想家要开始某种活动时，譬如做实验研究，建立大学，医生致力于疾病的消灭，由于缺乏资金必须中断这些有益的事业时，洛克菲勒就会帮助这些开拓者。他并不是收买他们的事业，而是捐献金钱使他们能够得到自立。

正是因为获得他金钱上的援助，人类才发现了盘尼西林和很多奇迹般的事情，而在盘尼西林问世之前，每五个罹患脊椎炎的小孩中就会有四个死掉。如今，这种现象已不复见，世上所有的父母亲都应该感谢他才是。还有对于其他的诸如疟疾、肺结核、流行性感冒等多种疾病的治疗，洛克菲勒也都有恩于世人。

洛克菲勒自己最终变成了什么样子呢？他贡献出他的财富，他的心是否得到了安宁呢？是的，他得到了无数的满足，他非常快乐，他的生活完完全全改变了，没有了任何的忧虑。即使在他遭受最大的失败时，他也不再会失眠了。

会放弃，懂知足，既是一门艺术，也是一堂人生必修课。洛克菲勒的这一段经历告诉我们：生命之舟载不动太多物欲，想在生命的旅程上走得更远更轻松，就一定要卸掉过多的物欲，放下过多的压力，放下不必要的忧虑与烦恼。

伟大人物需要学会卸掉过多的物欲，那么普通人呢？同样如此。事实上，无论是谁，如果身上背负着的东西太多，都会压力重重，疲惫不堪。如果想轻快远行，身体不受累，都唯有卸掉身上过多的东西。如果想心里感觉快乐，都唯有卸掉过多的物欲。

什么是快乐？快乐是一种心情，一种柳暗花明的豁然开朗，一种重负顿释的轻松惬意，一种拨开云雾见到朝阳的惊喜，一种洞悉人生真谛的大智慧。

在我们每个人的心灵深处，都会有一块属于自己的纯洁圣地，快乐就隐居于此，操纵着我们每天的心情，让我们时而像万里晴空中的朵朵白云般悠然自得，时而又像雨后的彩虹般绚丽夺目，时而还能感受春风送来的问候，时而又会享受白雪皑皑中的那份宁静。

但当我们久居繁华后，却惊讶地发现，我们的心情越来越难以驾驭，承载它的那块圣地正渐渐脱离我们的身体，离我们越来越远。更可怕的是，在名利的诱惑下，我们正一天天地在世俗的旋涡中挣扎，越陷越深！怎么样才能解救自己？知足，卸掉多余的物欲，只留下刚刚好的所需。

人活着如同赶路。背着包袱是走，放下包袱也是走，何妨放下包袱，让沉重的步伐变得轻松，让阴郁的心情变得明朗，让充满不确定因素的生命之旅变得新鲜多彩。

人活着也如同扬帆出海。生命之舟载不动太多的物欲，为避免中途搁浅，必须果断卸载那些让人不堪重负的东西。

## 生活感悟

“鱼，我所欲也；熊掌，亦我所欲也；二者不可得兼，舍鱼而取熊掌者也。”舍弃，不意味着失败，而是一种新的获得；卸载，不代表着惨重损失，而是一种必要的选择。我们的生命之舟载不动太多物欲，一定要学会“卸载”多余的物欲。物欲固然重要，但一个人如果把物欲看得比生命还宝贵，那么，当危机来临时他甚至会失去生存的机会。解救的方法是什么？知足，留下刚刚好的所需。

# “舍”是医治贪婪的良方

> 实在放不下的时候，去趟重症病房或者墓地，你容易明白，你已经得到太多，再要就是贪婪，时间太少，好玩儿的事儿太多，从尊重生命的角度，不必纠缠。
>
> ——当代作家 冯唐

有个年轻人向一位哲学家讨教成功的秘诀。哲学家拿出了 3 块大小不一的西瓜，对年轻人说：“如果西瓜代表一定程度的利益，你会选哪一块？”

“当然是最大的一块。”年轻人毫不犹豫地说。

哲学家笑了笑，说道：“那好，请吃吧！”他将最大的西瓜给了年轻人，自己则吃起了最小的那一块，并且很快就吃完了。随后他拿起最后一块西瓜在年轻人眼前晃了晃，接着大口地吃了起来。

年轻人这才恍然大悟，虽然自己选了最大的一块，但是哲学家的两块小西瓜加起来比自己的还多。换言之，自己选择的利益，要少于哲学家选择的利益。

佛教认为，人们的不幸源于“三毒”。这“三毒”分别叫“贪、嗔、痴”。贪是指对欲望的执着，嗔是指对喜怒的偏执，痴则是指对喜好的偏执。归根究底，这些都属于“贪婪”。在上述故事中，年轻人因为贪婪而迷失了自己判断的能力，因为贪婪而没有看清事物的本质。倘若他能放下心中的贪婪，就能保持清醒的头脑和敏锐的眼光。

在生活中，我们常常听到有人在喊“累”。累，往往是因为一个人心中有贪婪，对金钱、地位放不下，对权力、名声放不下，对私心、欲望放不下，最后迷失了方向。

贪婪容易令人不知满足，最后为了达成目的而不择手段。过分放纵自己贪婪的欲望，内心将永远得不到满足，最后只会陷入痛苦之中。

对于这些道理的领悟，有时候我们甚至不如狼。狼看似贪婪，其实只求一饱，只追求刚刚好的欲望的满足。可人类的心在无度欲望的驱使下却会变得越来越不满足。这个时候，我们不妨学一学佛教常说的“戒”。何为“戒”？其实就是“舍去”。舍去什么呢？其实就是舍去那些不必要的欲望，只留下刚刚好的欲望，只追求我们生命中真正需要的东西。

彭泽年少贫苦，但通过刻苦学习，终于在明孝宗弘治三年考中了进士，被派去刑部任职。后来，他得罪了很有权势的宦官，被外放至徽州，做了知府。在他的女儿出嫁之前，他用自己的俸禄做了几十个漆盒当作陪嫁嫁妆，结果却被自己的父亲给烧了。

彭泽的父亲责骂彭泽道：“你本来就是清贫人家的子孙，现在做了几天官，就把祖宗的家风都忘了。皇上当初命你担任知府，你不想着让百姓们安居乐业，反而学着贪官的样子，把那些不属于自己的财物往家里搬，长此下去岂不是也成为祸害百姓的贪官吗？”

彭泽听后，才明白父亲是在为那几十个漆盒动怒。他觉得很委屈，因为那些都是他用自己的俸禄购置的，并非官银。可彭泽的父亲却说：“刚开始的时候是用自己的俸禄，但俸禄不足的时候便会动用官家的。现在不过是几十个漆盒，以后可能会是几十车金银。贪官向来和盗贼一样，都是从小数目开始的！”

彭泽听后，连忙向老父亲叩头认罪。老父亲不解气地拿起手中的拐杖对着彭泽就是一顿打。经过这次教训之后，彭泽为官非常清廉，始终一心只为百姓着想，从而青史留芳。

世界万物皆有贪婪之心。鱼贪婪水，猫贪婪鱼，飞禽贪婪良木，而最为复杂的人类贪婪的东西就更多了，比如对美满幸福、丰衣足食的贪婪。虽然作为人类，贪婪在所难免，但是不能把贪婪变成一种永无止境的追求。我们应该向彭泽学习，他清廉了一世，他放下了贪婪，只满足最低限度的欲望，所以成了人人敬爱、流芳百世的清官。

贪婪是一种病，有的人病在骨髓，有的人病在肌理，有的人病在肺腑，有的人病在心脏。倘若病入心脏，那一切就都完了，因为一旦内心被贪婪填满，这个人就会被贪婪一点点地腐蚀殆尽。

出路是什么呢？学会“舍”。因为“舍”是医治贪婪的良方。懂得了舍，只追求刚刚好的幸福，只满足刚刚好的欲望，贪婪之病自会痊愈，身心定会愉悦。

## 生活感悟

一个人只要贪婪或偏私，其原本刚直的性格就会变得很懦弱，原本聪明的资质就会被蒙蔽而变得很昏庸无能，原本慈悲的心肠就会变得很污浊，结果就等于毁灭了他一辈子的品德。所以，“不贪”为修身之宝，“舍”为医治贪婪之良方。怎样才能真正地“舍”？只过刚刚好的生活，只享受刚刚好的幸福。

# 我们生活的方方面面都需要适度

多思则神殆，多念则志散，多欲则智昏，多事则劳形。

——唐代著名医药学家 孙思邈

在泰山脚下有一块“三笑石”。传说，从前有三位百岁老翁，经常在这块石头前锻炼身体，谈古论今，个个神采奕奕，满面春风。

有一天，他们各自介绍了自己的养生长寿秘诀。

甲说：“饭前一盅酒。”

乙说：“饭后百步走。”

丙说：“老婆长得丑。”

三人哈哈大笑，“三笑石”从此得名。

三位老翁的养生长寿秘诀十分简单，却颇耐人寻味，这里讲的是一种适度的养生哲学。“饭前一盅酒”讲的是适量饮酒可以延年益寿；“饭后百步走”，说明适量的步行可以长寿；“老婆长得丑”其语诙谐，意思是说，如果妻子长相丑陋的话，就不会贪色过度。

适度，是身心健康的前提。什么是适度？适度是指事物保持其质和量的限度，是质和量的统一。很多时候我们都很清楚，凡事都要适度，因为物极必反。适度就是刚刚好，就是知足，就是适当、适量、适时和适合。

需要适度的，又何止是身心健康呢？它涉及我们生活的方方面面。例如，把对的推向极端，就成了错的；把甜橙的汁水榨干，它就成了苦的。即使是赏心乐事，也决不要走极端。思想敏锐得过了头，就是迟钝；牛奶挤得太多，最后挤出来的是血，而不是奶。适度的反面就是过度或失度，当我们处于一种过度状态时，其结果往往就不再是我们的初衷了。从这个角度看，适度是人生的最重要的大事。

有个文学爱好者一度迷上写作，迷上发稿，一日不写稿便寝食难安，一日不发稿便郁郁寡欢，结果每日被稿所累，迷失了写稿只是业余爱好的快乐初衷。

有个母亲对孩子疼爱过度，要牛奶不给橙汁，要星星不给月亮，结果孩子的任性终于让她无所适从，爱的力量转嫁给了恶语和巴掌，最后致使孩子离家出走。

有个员工见人事有变动，便托关系走后门，不择手段地极力“求进步”，结果适得其反，不仅没得到重用，还落得了个浮躁轻率的坏印象。

事物的变化都是由量变到质变而完成的，适度是一种明智的选择和自我保护的有效措施。在生活中，有很多事情都是只有把握好了度，做到了“刚刚好”，才能保证稳定与可持续的发展的；只有保证好一个度，才能最终得到一个完美的结局的。当一个人在一生中的方方面面，都能恰到好处时，都能适度时，也就能真正从容地生活，享受到更多的幸福。

## 生活感悟

适度的反面是过度或失度，过度或失度都容易给我们造成伤害、破坏。凡事适度即可，不要太过于执着。喝酒要适量，运动要适度，工作强度要把握适度……把握好了做人的度，才算是个适应世情的人；有度制衡，衡而适度，挥洒自如，才是生活中的高人。这样的人，才能真正做到知足常乐。

# 金钱够用就好，别做物质的奴隶

> 金钱这东西，只要够一人的生活就行了，若是多了它会成为遏制人才能的祸害。
>
> ——瑞典化学家 阿尔弗雷德·诺贝尔

有个农夫日出而作，日落而息，辛勤耕作于田间，日子过得虽说不上富裕，倒也和美快乐。一天晚上，农夫做了个梦，梦见自己得到了18个金罗汉。说来也巧，第二天，农夫在田野里竟然真的挖到了一个价值连城的金罗汉。他的家人和亲友都为此感到高兴。可农夫却闷闷不乐，整天心事重重。

别人问他："你已经得了金罗汉，变得有钱了，还有什么不满意的？"

农夫苦闷地回答："我在想，另外17个金罗汉到哪里去了？"

俗话说，"有钱能使鬼推磨"，"钱是杀人无血刀"。人们常把金钱称作万恶之源，其实可怕的不是金钱而是贪欲。就像故事中的农夫，他幸运地挖到了一个价值连城的金罗汉，却想着得到更多的金罗汉，对金钱的贪欲啃噬了他的心，贪婪之心使他背上了沉重的心理包袱，结果得到了财富，却失去了快乐。

生活在现代商业社会中，每个人都有追求财富的权利。不过，在追求金钱过程中，我们要明白：千万不能视金钱如命，要控制对金钱的贪欲，恪守"君子爱财，取之有道"的古训，做到适可而止，张弛有度，否则就容易沦为金钱的奴隶，一生都要为金钱所左右。

有些人信奉"金钱第一"，认为有了钱就什么都行得通，但是回首自身生活，你是否会有这样的困惑：拥有的金钱真的越多越好吗？当我们拥有了更多的钱，可以买到更多好吃的、好穿的、好用的、好住的，我们就过得更快乐、更幸福吗？不会！过去不会，现在不会，将来同样也不会。

有一个富翁坐拥亿万资产，家有良田万顷，但是他时常觉得生活痛苦，寝食不安，闷闷不乐，觉得等将来更有钱了，一切就好了。

一天，富翁去乡下旅游，看到一家做豆腐的穷夫妇，每天需要从早忙到晚，不停地做豆腐、卖豆腐，但他们脸上却常常挂着微笑，他们的几个孩子也在笑声中玩耍，皆没有因为家境贫寒而闷闷不乐。

富翁很奇怪，不解地问："你们这么穷，为何看起来这么幸福？"这个女人放下手中的活儿，回答道："我们是没钱，但我们一家人可以整天在一起劳动，父老乡亲可以享受我们的美味食品，我们又可以交到很多的朋友，为什么不幸福呢？"

富翁怔住了，惊诧不已，思索良久。

在这个故事中，亿万富翁和乡下贫穷的豆腐夫妇之间，物质上显然不成比例，但在精神的愉悦上，前者并不见得会比后者更开心。可见，幸福与一个人所拥有的物质财富的多少并不一定成正比例，它们之间并不一定能画上等号，因为幸福和心态有关，是一种主观的感受。

清贫者只要内心觉得幸福，听着风声也是一种幸福。孔子曾经夸赞他最疼爱的弟子颜回："贤者回也，一箪食，一瓢饮，在陋巷，人不堪其忧，回也不改其乐。"住在一个破烂的小地方，厨房里只剩下一小筐粮食，一小勺水，别人都忧虑得焦头烂额了，颜回仍然不改其乐。无疑，他是幸福的。

一个真正懂得生活的人会明白，过上好的生活是我们的追求，但为了金钱耗损全部精力，就会有点得不偿失。因为除了金钱，构成我们生活的还有很多重要的东西，一味追求金钱，必然会耽误到其他方面。所以，我们活着并不只是为了赚钱，也不要只一味地贪恋金钱。对于金钱，刚刚好就好。

比尔·盖茨经常告诉那些向他取经的朋友："如果你认为拥有享用不尽的金钱，便可享受到常人无法享受到的快乐，那你就错了。其实，当一个人拥有的金钱超过一定数量时，它就只是一种数字化的财产标志而已，简直毫无意义。"

"我只是这笔财富的看管人，我需要找到最合适的方式来使用它。"这是比尔·盖茨对金钱最真实的看法。他很少关心自己账户上的金钱数目，也不在意自己股票的涨跌，他利用它们去投资，做慈善，努力让自己的人生更有意义。

离职微软的时候，比尔·盖茨将自己580亿美元的财产全数捐给了自己名下的慈善基金——比尔及梅琳达·盖茨基金会，一分一毫也不留给自己的子女。对此，他给出的解释是：“我们不会把财产分给自己的子女，他们的钱可以养活自己，我们希望以最能够产生正面影响的方法回馈社会。”

比尔·盖茨追逐财富，也驾驭财富，他永远不做金钱的奴隶。

金钱只要刚刚好就行。想通了，够用了，你会发现生活还有很多很多乐趣。在生命中，我们不应该仅仅是追逐金钱，还有很多东西值得我们去追逐，比如亲情、爱情和友情，比如个人的发展、事业的开拓等，不要让贪婪的心蒙蔽了双眼，要学会将金钱看得淡一点。当我们能把金钱看作是身外之物，当我们学会了让金钱为自己所用，就是真的明白了金钱的本质，就真正成了金钱的主人，就能真正体会到幸福的滋味。

清朝诗人石成金的《莫恼歌》有这样一段：“莫要恼，莫要恼，明日阴晴尚难保。双亲膝下俱承欢，一家大小都和好，粗布衣，菜饭饱，这个快活哪里讨。富贵荣华眼前花，何苦自己寻烦恼。”

幸福是什么？幸福，是一碗炸酱面就能饱腹的惬意；是拉着爱人的手走进 5 元一张门票的电影院。假如你认为旅游是一种幸福，那么在没有足够的经济支持或囊中羞涩的时候，上网看世界风光的图片也是可以一饱眼福的。

知足常乐，幸福的成本其实是多么低啊！所以，我们何不抓住每一刻好好地享受呢？是的，当别人还在金钱世界里困惑时，我们却已在精神世界里快乐地享受着了。

## 生活感悟

生活中每个人都有权利去追求财富。但在金钱面前，应当保持良好心态。君子爱财，取之有道，适可而止，张弛有度，万万不可走火入魔。情感无价、青春无价、健康无价、生命无价……无价的东西实在太多太多，让金钱当好你的仆人，让金钱为你服务，让你的幸福刚刚好就好。

## 幸福的真谛：知足，只求刚刚好的所需

> 骏马能历险，力田不如牛；坚车能载重，渡河不如舟；舍长以求短，谋者难为全。
>
> ——唐代名臣 魏徵

有一天，佛陀遇见一个十分气恼的农夫。农夫对佛陀诉苦道："我们家的水牛都病死了，没有它，我根本没办法种地，这该怎么活下去啊！"佛陀为了给农夫活下去的动力，就赐给了农夫一头健壮的水牛。临走前，佛陀对他说："莫拘泥于得失，其实人生没有那么复杂。"

农夫十分高兴，觉得自己很幸福。但没过两年，这只水牛却不幸被小偷偷走了。佛陀又来了，不过这一次农夫显得并不生气。

佛陀问他为何如此平静，农夫说："也许命中注定我和水牛无缘吧。佛陀，这两年我一直在思索你的话，渐渐明白了很多道理。其实，没有水牛又如何？也许，我可以把地租给别人，自己去尝试其他的事情，而不是依靠这片土地生活。也许没了水牛，我的未来会更幸福。我可以尝试着去做一名商人，去做一名小吏，去做一名信使……当年我感到了幸福，这一次我同样体会到了幸福。"

佛陀笑了笑，说："你看到了幸福生活的真谛。"

幸福是什么？它是一个难以解开的谜，一千个人有一千个答案。其实，真正的幸福是无法描述的，它只可意会，不可言传。幸福也不是给别人观看的，别人怎么说都无关紧要，最重要的是自己感觉到了幸福。

真正的幸福或许是：小乞丐吃着饱饭唱着流浪歌；流浪者的诗歌得到了路人的赏识；有钱人慷慨救济困难的人。由此看来，幸福其实就是知足。当然，这也不是标准答案，因为幸福没有标准的答案。幸福的答案可以很简单，幸福的答案也可以很复杂。

普陀山上有座寺院，寺院内有一位修行者。他原本是一名农夫，与妻子一直过着

田园生活。妻子忍受不了淡泊的日子，于是和别人私通。他知道后并没有声张，也没有生气，只是把精力都放在了农务上，偶尔也去参参佛法。

有一天，他故意对妻子说要出去大半个月，让她照顾好家。其实，他是躲在了离家不远的地方，暗自观察。没过两天，一个陌生的男人真的来到了他的家中，见时机成熟，他便买了酒菜回家。

妻子见丈夫突然回来，赶紧把陌生男子藏了起来。丈夫把酒菜摆好后，叫来妻子一起庆祝，然后说："我在外面做生意赚了钱，今天咱们好好庆祝一番。"

妻子见他高兴，于是去厨房拿了两双筷子。丈夫见此，不悦道："你应该拿三双才对。"

妻子心里一惊，但仍然假装镇静地说："三双？待会有客人要来吗？"

丈夫说："我们的客人早就到了，而且还在屋子里，你去把客人请出来吧！"见妻子还是装傻，他继续说道："你别不识相，赶紧把人叫出来，否则别怪我不客气。"

妻子被吓住了，而那个躲在屋子里的陌生人也窜了出来。丈夫礼貌地给陌生人敬酒，并且磕头跪拜。这使得妻子和陌生男子惊恐不已。

丈夫说："今天是个好日子，首先我要感谢你。你简直是我的恩人，我要把我的财产和妻子都送给你。"说完，他就一身轻松地离家，去了普陀山修行。

刚开始的时候，妻子觉得陌生男子很好，渐渐的，陌生男子的品性暴露，不仅好吃懒做，还虐待女人。这个时候，妻子终于想起自己丈夫的好了。

她知道，这都是报应。后来，她去了普陀山，希望与丈夫和好如初，但是一切都晚了，丈夫已经遁入空门。

每个人的手掌间都握着幸福，然而很多人并没有在意，于是便在一拿一放之间，使得幸福频频溜走。很多时候，失去了的爱情是无法挽回的，我们即使死死抓住也没有用。所以，如果你是真心地爱一个人，就不妨成全对方，放开双手守护对方，这也是一种大爱。

佛家常说："放手，才能释怀；松开，才是真爱。"爱不是占有，不是付出多少就有多少回报的等价交换。当人们尝过爱的苦涩后，才能放下执着的心和无妄的痛苦。

无论是面对爱情，还是功名利禄，还是别的东西，只有我们拿得起，放得下，才是真正悟懂了人生的真谛，才能享受到真正的幸福。

不要用别人的"幸福尺度"来衡量自己，不要苛求自己。待我们学会放下之后，我们就会发现，其实幸福就在我们的一念之间。如果我们遇到了不幸福的事情，不妨换一个角度想想，也许马上就能品尝到幸福的味道。

## 生活感悟

每一种幸福都像一粒玻璃球，你把越多的玻璃球握在手里，就会有玻璃球被挤出你的掌心。真正的幸福其实是，你的手里恰好有几粒漂亮的玻璃球，你可以让它们在你的掌心里保持平衡，刚刚好不会滑落，也恰好可以承受这些玻璃球的分量。

# CHAPTER 3

# 知行知止，懂坚持懂放弃

在这贪心的世界里，我只要刚刚好的坚持。什么是“刚刚好的坚持”？就是知行知止；就是坚持正确的，放弃错误的；就是方向正确时努力前行，方向错误时及时转身回头寻找正确的方向；就是在追求之时有所放弃，在放之之时有所追求；就是时机未成熟时学会等待，就是时机已过时勇于放弃。学会知行知止，懂坚持懂放弃，就能尽可能少地浪费生命，用有限的生命，去追求更多自己真正想要的东西，去经历更多生活中真正的精彩。

# 大智知止：高人都懂得适可而止

> 别在平野上停留，也别爬太高，从半高处往下看，世界显得最美好。
>
> ——德国哲学家 尼采

“香港首富”李嘉诚是众多华人企业家竞相学习的楷模。在解答李嘉诚为什么能雄霸“香港首富”宝座多年这个问题时，很多深入研究过李嘉诚成功之道的人都认为，他成功的核心秘诀就是他的座右铭。李嘉诚的座右铭是什么？两个字：“知止。”

何谓“知止”？就是适可而止，适度而为。在本质上，“知止”就是懂得什么时候“舍”，什么时候“取”；什么时候提起，什么时候放下；什么时候该坚持下去，什么时候该果断放弃。用来诠释“知止”的最佳词语，是“放下贪欲”。

有一次，在与汕头大学学生对话时，李嘉诚曾对“知止”做过这样的解释：“其实儒家中最简单的思想就是孔子说的‘过犹不及’，还有老子讲的‘知止不败’。这两句对治学做事都是非常有用的。‘过犹不及’是说如果你过度扩张，容易出问题。任何企业和行业，过度扩张是不好的，所以什么时候应该停止，什么时候应该扩张，这都是一个大学问。”

除了上述的解释外，李嘉诚还曾用著名的“100 万理论”，对“知止”做过更好的说明。什么是“100 万理论”呢？一个人若想赚到 100 万，通常有三种方式：第一种是你能够赚 100 万，别人也能赚 100 万，平稳发展。第二种是你总要找出一些理由来，让自己赚 110 万，那么别人就只能赚 90 万。第三种方式，就是自己明明可以赚 100 万，别人也可以赚 100 万，但自己不赚那么多，只赚 90 万；让别人多赚 10 万，也就是赚 110 万。

这三种方式的差别一目了然。使用第一种方式赚钱的人，能求得一时的成功，但是一旦合作者觉得别人比他更好，就会抛弃他，而跑去跟别人合作，于是他就很难求得更大的发展了。第二种方式更不必说，没有人会傻到跟他做第二次生意。第三种方式，是李嘉诚最常用的方式。这种方式其实最难能可贵，表面上看似一时少赚了很多，可得到的却是长远稳固的发展，让别人很愿意跟他长久合作。所以这种方式看似吃亏，其实是真正抓住了企业做强做大做久的根本。当一位生意人能够放下贪欲，懂得知止，反而能够给其回报更多。

“知止”二字是智慧中不可或缺的部分。隋朝大儒王道专门写过一本名叫《止学》的书，书中有这样一句非常著名的话：“大智知止，小智惟谋。”其意思是：“拥有大智慧的人知道适可而止，只有小聪明的人则只知道不停地谋划。”

智计有穷尽的时候，而天道却没有尽头。“智”这个东西，用好了可以助你功成名就，胡乱地用，则会令你丧失本性，最终一败涂地。在现实中，很多人之所以做不到“知止”，原因就在于他们过于贪求，贪欲太盛，忽略了适而可止。懂得如何运用“智”，且能“知止”，才会左右逢源，处处助力，才能快意人生，收获无限精彩。不懂得的话，后果很严重。

有一只饥饿的小老鼠钻进了一口盛满大米的米缸。看着白花花的大米，小老鼠兴奋不已，于是它每天跳进跳出，想吃就吃。不过，缸里的米一天天地在减少，缸口与米之间的距离随之也一天天地在拉大，当小老鼠所跳高度低于缸口与米之间的距离时，小老鼠并没能摆脱米的诱惑，仍像往常一样跳入缸中享受米的美味，然而从此以后，它再也跳不到缸外了。当缸中的米吃完后不久，小老鼠便饿死在了缸中。

做任何事情，都要学会“知止”，不要超越了事物原有的“度”。如果把握不好“度”，事物将会发生质的变化。小老鼠的最后一跳，之所以误了卿卿性命，就在于它没有把握好能够跳出米缸的“度”，不懂得“知止”，没能放下贪欲。

做任何事情都要“知止”，都要有个度，就像饭不可吃太饱，饱则厌食；水不可灌太满，满则流溢；事不可做太绝，绝则自塞退路。花看半开，酒饮微醉，雨听黄昏，月赏朦胧，距离产生美。势不可使尽，剑不可用老，武侠中人对决，高手多蓄势待发，力道最多用到七成，多则露出破绽。须知，物极必反，乐极生悲，事情做得过了度，便会走向反面，好事也就变成了坏事，就会招致不利于自己的结果。

在生活中，最与“知止”背道而驰的就是过于贪婪，欲望太盛。其实，欲壑难填的人是可怜又可悲的。欲望愈强烈、愈贪求欲望满足的人，他所感到的痛苦也就更多更深，因为欲望经常附在他身上不断地啃噬他，使得他的心灵充满苦恼。

列夫·托尔斯泰说：“欲望越小，人生就越幸福。”这句话蕴含着深邃的人生哲理，它是相对于欲望越大人越贪婪、人生越易致祸而言的。古往今来，在难填的欲壑中被葬送的贪婪者，多得不可计数。

只有放下了贪心和贪欲的人，才会生活得坦然，没有干扰，没有麻烦，也没有外来的祸害。只有知止的人，才能立身长久，免去生活中的许多忧愁和悲伤，让快乐长驻于内心，尽享人生的乐趣。

## 生活感悟

这个社会中存在着无数的诱惑。面对这些诱惑，真正的智者知道自己应该适可而止，明白过犹不及。所以，懂得知止的人，总是能把握好自己的心。而那些不能够知止的人，就很难把握自己的贪欲，最终陷进了欲望的深渊。

# 在追求之时有所放弃，在放弃之时有所追求

> 在人生的大风浪中，我们要常常学船长的样子，在狂风暴雨之下把笨重的货物扔掉，以减轻船的重量。
>
> ——法国著名作家 巴尔扎克

老师带着他的学生打开了一个神秘的仓库。这个仓库里装满了放射着奇光异彩的宝贝，也不知存放者是谁。仔细看，每个宝贝上都刻着清晰可辨的字纹，分别是：骄傲，正直，快乐，爱情……

这些宝贝是那么漂亮，那么迷人，学生见一件爱一件，抓起来就往口袋里装。

可在回家的路上他才发现，装满宝贝的口袋是那么的沉。没走多远，他便感到气喘吁吁，两腿发软，脚步再也无法挪动。

老师说："孩子，我看还是丢掉一些宝贝吧，后面的路还长着呢！"

学生恋恋不舍地在口袋里翻来翻去，不得不咬咬牙丢掉了两件宝贝。但是，宝贝还是太多，口袋还是太沉，年轻人不得不一次又一次地停下来，一次又一次咬着牙丢掉一两件宝贝。"痛苦"丢掉了，"骄傲"丢掉了，"烦恼"丢掉了……口袋的重量虽然减轻了不少，但年轻人还是感到它很沉很沉，双腿依然像灌了铅一样的重。

"孩子，"老师又一次劝道，"你再翻一翻口袋，看还可以丢掉些什么。"

学生终于把沉重的"名"和"利"也翻出来丢掉了，口袋里只剩下"谦虚""正直""快乐""爱情"……一下子，他感到说不出的轻松和快乐。

但是，他们走到离家只有一百米的地方时，年轻人又一次感到了疲惫，前所未有的疲惫，他真的再也走不动了。

"孩子，你看还有什么可以丢掉的，现在离家只有一百米了。回到家，等恢复体力还可以回来取。"

学生想了想，拿出"爱情"看了又看，恋恋不舍地放在了路边。

他终于走回了家。可是他并没有想象中的那样高兴，他在想着那个让他恋恋不舍的“爱情”。老师过来对他说：“爱情虽然可以给你带来幸福和快乐，但是，它有时也会成为你的负担。等你恢复了体力，还可以把它取回来，对吗？”

第二天，他恢复了体力，去路边拿回了“爱情”。他真是高兴极了，他欢呼，他雀跃，他感到了无比的幸福和快乐。这时，老师走过来抚摸着他的头，舒了一口气：“啊，我的孩子，你终于学会了放弃！”

人生路上，每个人都有必要懂得知止，学会做出刚刚好的放弃。正如一首诗里写的那样：放弃了父亲温暖的怀抱，才能有自己活泼的奔跑；放弃了满天的星星，才能获得一个崭新的黎明。

大千世界，茫茫的人生路途，需要我们放弃的东西原本很多，没有任何一个人可以拥有整个世界，对于不应该属于我们的更要勇敢地放弃。其实，人生不过是知行知止，能进能退——在追求之时有所放弃，在放弃之时有所追求；在争取之时有所退让，在退让之时有所争取；在前进之时适时停止，在停止之时知道前进。

一天，有位大学教授特地向日本著名禅师南隐问禅。南隐先是以礼相待，却不说禅，他将茶水注入这位来客的杯子中，杯子已满但他还在继续注入。

这位教授眼睁睁地望着茶水不停地溢出杯外，终于不能沉默了，便大声说道：“已经漫出来了，不能再倒了！”

“你就像杯子，”南隐答道，“里面装满了你自己的看法，你不先把自己的杯子倒空，让我如何对你说禅？”

南隐说得很有道理。有时候，如果我们只抓住自己的东西不放，就很难接受别人的东西。特别是现代社会，人变得越来越贪婪，如果我们什么都不愿意放弃，结果只能是我们什么也得不到。切记，有所退才能有所进，有所失才会有所得，有所止才能有所行，有刚刚好的放弃才做得到刚刚好的坚持。

一家公司招聘员工，在200个应征者中，只有一个人通过了测试而被公司雇佣。测试题是这样的：在一个风雨交加的晚上，李明开着车经过一片漆黑的森林。这时候有三个人正在森林中狭窄的马路上艰难地向前行走。一个是快要死的老人，十分可怜，如果得不到及时的救治，他可能会挺不过去了；一个是医生，曾救过李明的命，他是大恩人，李明一直想要报答他；还有一个漂亮的女人，李明做梦都想娶她，也许错过这次（载她），以后就再也没有机会了。

三个人都急切地希望有一辆汽车过来尽快将他们带离这片黑色的森林。但李明的车只能坐得下一个人（不包括李明自己）。测试的问题是——如果你是李明，你将怎样选择？请解释一下理由。

这道题基本上没有什么标准的答案，因为任何一种选择都有其充分的理由。然而，有一位聪明的小伙子，他的答案让人称奇。他只是简单地说了一句话就被这家公司毫不犹豫地录取了。他的答案是这样的：“把车钥匙给医生，让他开车带着老人去医院，而我则留下来陪我的梦中情人！”

这位小伙子很有智慧，很懂知止哲学，明白自己只需要刚刚好的追求即可——得到爱情。他理应得到这份职位。

知止才能知行，懂放弃才能懂坚持。很多时候，适度的放弃，能让你赢得你刚刚好想要的东西。人生每时每刻都有很多事情需要我们做出类似的选择。“两弊相衡取其轻，两利相权取其重”，关键在于你看重什么。

过分执着，例如执着于一个不可能实现的梦想，又如执着于一份没有结果的爱情，对于人生其实更是一种沉重的负担，一种无法补救的伤害。这时候，我们只能付出刚刚好的坚持，必须懂得及早放弃。

正如树木为了长高，必须剪掉多余的枝丫；花朵为了结果，必须放弃美丽的容颜。为了不过于浪费生命，你必须懂得适时的放弃；为了不固执于无法达成的目标，你必须懂得什么是刚刚好的坚持。总之，知行知止，能进能退，才是真正掌管了自己的人生。

## 生活感悟

人跋涉于山阻江隔、风急雨骤的人生旅途中，会遭遇山山水水、风风雨雨，有所争取也有所退让，有所得到也有所失去。当我们学会了退让与放弃，势必会拥有一份成熟与智慧，进而更懂得如何让自己活得更充实、坦然、轻松、幸福与安详。

# 执着过了头就是固执和一根筋

固执己见的人往往做错事。

——英国剧作家、诗人 约·德莱顿

20世纪初，美国有位叫霍华德·休斯的石油投机商，原本想通过开采石油来赚钱，可是钻井时碰上了花岗岩，坏了很多钻头。他转而发明了一种能钻透硬岩石的钻头，结果石油虽然没有打出来，却在钻头上发了财。

在生活中，我们不要强迫自己去执着于某一个难度过于大甚至根本不可能实现的目标。一条路走起来实在过于崎岖、要付出的代价实在过于大，则不妨试着放弃，换条路走走看。这种时候，我们只需要付出刚刚好的坚持，就足矣。切记，很多时候，盲目地坚持下去，埋没我们的不是别人，恰恰是我们自己。

“愚公移山”的故事大家都知道。有人敬重愚公，因为他有“寒暑易节始一反焉”的坚持不懈，这是执着；有人批判愚公，因为他宁可去选择移山这种事倍功半的徒劳，也不愿意变换一种更省时省力更有效率的方法，这就是固执。

其实有时候，执着并不等于努力不懈，并不等于自强不息，更不等于百折不挠。错误的执着不但会让你离成功更远，甚至是一切烦恼和世间苦难的根本。

想成功，就必须执着于目标，坚持不懈地努力。但这有一个前提，我们必须执着于正确的目标，走正确的路。但很多人却误读成了执着等于成功，或执着必定成功，这其实大错特错。认不清方向，分不清形势，看不到未来，更不讲究方式方法，一低脑袋就向前冲去，还美其名曰“执着”。其实，这不叫执着，这叫一根筋，叫固执甚至偏执。

曾经有一只羊，很想吃到高山上的草。于是它爬呀爬，等它累了爬不动时，便想：“我不怕累，山有多高我就爬多高。”于是继续爬呀爬。它爬着爬着，更加累了，更加爬不动了。这时候它又想：“我不怕累，山有多高我就爬多高。”

羊继续向山顶爬去。它甚至用了一生中最好的一段时光来爬这座山，它一心想着山顶上鲜美的草。可惜，它忽略了在自己身边其实就有一片又一片美丽的草地。

就这样，它固执地爬呀爬。终于，它爬上了山顶。这时候，它已没有了一丝力气。它知道，它将永远留在这个山顶上，直到死去。然而，让它更绝望的是，这山顶上根本就没有草！

错误的执着，就是固执，执迷不悟的固执；错误的执著，就是愚痴，方向错误的努力。1954 年诺贝尔化学奖得主莱纳斯·波林曾说过：“一个好的研究者知道应该发挥哪些构想，而哪些构想应该丢弃，否则，会浪费很多时间在差劲的构想上。”

这也正如生活中很多时候我们的状态，有些事情，虽然我们用了很大的努力，但其实我们也会发现自己正处于一个进退两难的境地，因为自己所走的路是一条死胡同。这时候，最明智的办法就是抽身退出，去寻找另外成功的机会，而不应该一条道走到黑，撞了南墙也不回。

这也就要求我们，在人生的每一个关键时刻，都要审慎地运用智慧，做最正确的判断，选择正确的方向。同时，也别忘了及时检视选择的角度，适时调整。放掉无谓的固执，冷静地用开放的心胸做正确抉择。一旦发现前路走不通了，请及时回头，寻找走得通的道路。只有知行知止，能够对追求的目标付以刚刚好的坚持，我们才能更快地到达我们真正想去的“芳草地”。

## 生活感悟

“执着”一词原为佛教用语，是指对某一事物坚持不放而不能超脱；后来泛指固执或拘泥。任何事物都有两面性，“执着”一词也不能简单地言其对与错、是与非，而应该在充分认识其对某一事物产生什么作用的前提下，更好地把握“执着”之度。否则，便会让这种不理性的盲目执着愈发演化成固执，变成一根筋。

# 不切实际的理想，不如及早放弃

> 船舶放弃安全的港湾，才能在深海中收获满船鱼虾。
>
> ——佚名

法国少年皮尔从小就喜欢舞蹈，他的理想是当一名出色的舞蹈演员。可是，因为家境贫寒，维持基本生活都非常艰难的父母，根本拿不出多余的钱来送皮尔上舞蹈学校。皮尔的父母不得不将他送到一家缝纫店去当学徒工，希望他学一门手艺后能帮助家里减轻点负担。

每天要在缝纫店工作十多个小时的皮尔，对这份工作厌恶极了，因为繁重的工作所得的报酬还不够他的生活费和学徒费。更重要的是，他觉得自己是在虚度光阴，他苦闷自己的理想无法实现。他认为，与其这样痛苦地活着，还不如早早结束自己的生命。

幸好，就在皮尔准备跳河自杀的当晚，他突然想起了自己从小就崇拜的有着“芭蕾音乐之父”美誉的布德里。皮尔觉得只有布德里才能明白他这种为艺术献身的精神。他决定给布德里写一封信，希望布德里能收下他这个学生。在信的最后，他写道，如果布德里在一个星期内不回他的信，不肯收他这个学生，他便只好为艺术献身跳河自尽了。

很快，皮尔收到了布德里的回信，皮尔以为布德里被他的执着打动，终于答应收下他这个学生了。谁知，布德里并没提及收他做学生的事，也没有被他对艺术的献身精神所感动，而是讲了他自己的人生经历。

布德里说，他小时候很想当科学家，因为家境贫穷父母无法送他上学，他只得跟一个街头艺人过起了卖唱的日子……最后，他说，人生在世，现实与理想总是有一定的距离的，在理想与现实生活中，人首先要选择生存，只有好好地活下来，才能让理想之星闪闪发光。一个连自己的生命都不珍惜的人，是不配谈艺术的。

布德里的回信让皮尔猛醒。后来，他努力学习缝纫技术，从23岁那年起，他在巴黎开始了自己的时装事业。很快，他便建立了自己的公司和服装品牌。这位皮尔，就是皮尔·卡丹。

由于自己放弃了当舞蹈演员的理想，一心扑在服装设计与经营上，皮尔·卡丹公司发展迅速。在自己28岁那年，皮尔·卡丹便拥有了200名雇员。如今，皮尔·卡丹品牌已经延展到服装行业以外，经营领域涉及服饰、手表、眼镜、化妆品……皮尔·卡丹成了令人瞩目的亿万富翁，以他的名字命名的产品也遍及全球。

在一次接受记者采访时，皮尔·卡丹说，其实他并不具备成为舞蹈演员的潜质，当舞蹈演员只不过是他年少时的一个虚幻的梦而已，如果那时他不放弃当舞蹈演员的理想，就不可能有现在的皮尔·卡丹。

每个人都有着自己的理想，都为自己那伟大的理想激动过，但当理想根本不可能实现时，当虚无缥缈的理想与现实发生冲突时，就必须勇敢地放弃那不切实际的理想。

人生必须拥有理想，尤其是伟大的理想。然而，如果理想过于不切实际，就没有必要苦苦坚持。无论你的理想多么伟大，如果只是空想，那么也只能付以刚刚好的坚持。换言之，要适时地放弃。

如果你始终相信你的理想，但现在还无法去追逐这个理想，怎么办？不妨先勤勤恳恳地做事，脚踏实地地走好当下的每一步，等到有一定的经济积累和能力提升后，再想想怎样去接近你最想要达成的理想。只不过，也许有一天，你也会像皮尔·卡丹一样，突然发现其实理想一直伴随在你的身边，只是你未发现而已。

### 生活感悟

我们经常会听到有些年轻人不断地抱怨自己的工作，说它不是自己喜欢的，不是自己真正想追求的，不是自己擅长去做的，觉得这份工作是在让自己浪费时间，虚度青春，挥霍生命。殊不知，生活本身没有那么多我们想要的绚烂华美，我们在没有实力去做最想要做的事情之前，总要先去做一些力所能及的能提升我们各种实力的不喜欢的事情。这，也是一种刚刚好的坚持。

# 能知止懂放弃，回头其实很容易

> 学会放弃，让伤心随风而逝，只有快乐相随；学会放弃，在落泪以前转身离去，留下简单的背影；学会放弃，将昨天埋在心里，留下最美的回忆。
>
> ——佚名

湖北黄梅五祖寺，是著名的禅宗寺庙，六祖惠能就曾在此受戒。寺前有一道山溪，终年流水淙淙，游人欲进寺门，必须经过一座古老的廊桥。走近廊桥，抬头便能看见门楣上有三个醒目的大字："放下着。"

游客中有人在禅房向老僧求教何为"放下着"。老僧讲了一个故事：有个小男孩在玩耍一只贵重的花瓶。他把手伸了进去，结果竟拔不出来。他父亲费尽了力气也帮不上忙，遂决定打破瓶子。但在此之前，他决心再试一次："孩子，现在你张开手掌，伸直手指，像我这样，看能不能拉出来。"

没想到小男孩却说了一句令人惊讶的话："不行啊，爸爸，我不能松手，那样我就会失去那一分钱硬币的。"

有些人可能会笑小男孩的愚笨。但是，在生活中又有多少人像这个小男孩一样，执意地抓住那无用的"一分钱"，而不愿意去获得自由啊。

佛说，放下。人能放下，身心轻松。很多时候，如果我们想获得从容、轻松、自由和解脱，就必须学会放下那些没有意义的东西，放弃那些不必要的坚持，能够知止。可惜，大千世界，充满诱惑；芸芸众生，六根不净。尘世之中，又有多少人能悟出"放下着"这种知止的大境界呢？

有大和尚与小和尚二人结伴下山到集市上购买寺院一周必需的粮食。去集市的路有两条：一条是远路，需绕过一座大山，蹚过一条小溪，来回近一天的路程；一条是近路，只需沿山路下得山来，再过一条大河即可，不过河上只有一座年久失修的独木桥，未知哪天会桥断人翻。

大和尚和小和尚自然走的是近路，毕竟远路太远，一天一来回，费时费力。他们轻松下得山来，正准备过桥，细心的大和尚突然发现独木桥的前端有一丝断裂的痕迹。他赶紧拉住只顾一路低头往前走的小和尚：“停下！这桥恐怕没法过了，今天我们得回头绕远路了。”

小和尚经大和尚的提醒，也看到了桥的断痕，但他认为：“回头？我们都走到这儿了，还能回头么？过了桥可就是镇上了，回头绕远路那还得有多远啊？我们还是继续赶路吧，桥或许还能撑得住。”

大和尚知道小和尚性格倔犟，见他执意要过桥，便不再言语，只是抢道走到了小和尚的前面，并随手捡了块石头在手中，然后敲击那桥。只听到“砰”的一声，腐朽老化的独木桥应声而落，碎入三四丈下湍急的河流中。

偌大的独木桥竟经不起大和尚手中小石块的轻轻一敲！小和尚惊得半天说不出话来，继而庆幸自己还没来得及踏上危桥，又暗自为自己的鲁莽倔犟和固执感到羞愧。

在回头的路上，小和尚感激而又疑惑地对大和尚说：“师兄，刚才幸亏你的投石问路，要不然，我可要葬身鱼腹了。你说，我当时咋就那么糊涂呢？满脑子想到的都是回头太难，过了桥便是镇上了，绝不能回头了。压根儿就没想过桥万一真垮了摔下河里怎么办。”大和尚不无深意地说：“能够知止，懂得放弃，其实回头并不难。”

能知止懂放弃，回头其实很容易。人生很多时候又何尝不是如此？该停止时不停止，继续下去可能会遭遇更可怕的后果；该放下时不放下，身心的负担只会越来越沉重。在错误的方向上，我们只需要刚刚好的坚持，我们要懂得适时的放弃。

会游泳的人都懂得这样一个常识：一旦溺水了，最好的自救方法不是拼命挣扎，也不是大声呼救，而是尽量心无杂念，全身放松。只要放轻松，就能浮上来！从某种角度上说，人们并不是死于溺水，而是死于过于旺盛的求生欲望。越是在困境中，焦躁而强烈的欲望就越会成为你的负担，它会拉着你一步一步地陷向深水里去。

金钱、荣誉、地位、权利，以及健康的身体、成功的事业、幸福的家庭，哪一样不是人们梦寐以求的？功名利禄对我们太具有诱惑力了，可是如果我们过于重视功名利禄，身心都会很疲累，灵魂同样会变得沉重，整个生命都会在不知不觉中向下坠落。如何解救自己呢？懂得知止，学会付出刚刚好的坚持，知道什么时候该停下疲惫的脚步，放下心灵的重担，放弃那些该放弃的物事。

## 生活感悟

如果拿在手里的水杯太过烫手，就先放下。在等待烫手的水凉下来的时间里，可以看一下窗外的风景，可以静一下浮躁的心灵。或许，我们恰巧可以看到一朵花开，闻到一缕草香，听到一声莺叫……等再次拿起水杯时，我们的心已经淡然，杯中之水，甘之如饴。

# 时机未到不硬来，生命总少不了等待

> 明者因时而变，知者随事而制。
>
> ——西汉著名的经济史学家 桓宽

世界上有一种名叫“帝王蛾”的蛾子，双翼长达几十厘米，但这并不是它以帝王为名的全部原因。它的生命需要突破命运苛刻的设定，经过艰难的努力和等待，才能走出持久的死寂，从而快乐地飞翔。

原来，帝王蛾的整个幼虫期都是在一个洞口极其狭小的茧中度过的。在那段死寂的岁月，帝王蛾只能默默地等待，等待生命发生质的飞跃。而这个时候，对于它的生命来说，就是一场涅槃。因为它们娇嫩的身躯需要拼尽全力才能够破茧而出。通过那窄小的茧口，就像是过一道鬼门关。许多帝王蛾幼虫在通过那道茧口的时候力竭身亡，自然无法自由飞翔。

有些人不忍心看到帝王蛾进行这样的冒险，恻隐之心让他们产生了帮助帝王蛾的冲动，于是便动手把幼虫的生命通道剪宽了一点。这样，茧中的幼虫便不需要费多大力气，就能够轻易钻出那个禁锢着它们的牢笼。可是，他们很遗憾地发现，那些得到救助、见到天日的蛾子空有一副帝王蛾的样子，却再也不是真正的帝王蛾了，它们只能够拖着累赘的双翅在地上艰难地爬行，再也飞不起来了。

原来，那个对于帝王蛾来说就像鬼门关一样的窄小茧洞，恰恰是上天帮助它们双翼成长的关键所在。帝王蛾在艰难的穿越过程中，需要用力挤压、耐心等待，这样血液才能够顺利地进入到蛾翼的组织中去。这样，两翼充血的帝王蛾才能真正的飞翔。

而被剪大了茧洞的蛾子，因为没有经过艰辛的努力和耐心等待的过程，两翼无法充血，翅膀就丧失了飞翔的功能。一双奋飞的翅膀不可能轻而易举地得到，那个艰难时刻的等待和坚持，是成就生命的必需！

时机未到别硬来，有些时候须等待。舍弃错误的坚持，把时间和精力用在正确的行动上，并在忍耐和等待的过程中，不断努力积蓄实力和能量。这时，待时机一到，方能一飞冲天。

时机不成熟，不可强出头。“强”在这里有两个意思。第一个意思是“勉强”，自己的能力还不够就勉强去做某些事。固然勉强去做也有可能获得意外的成功，但这种可能性不高，通常的结果是：做失败了，折损了自己的壮志，也惹来一些嘲笑。很多人的失败，都是缘于“能力不足”“自不量力”。

第二个意思是“强力”，自己虽然有足够的能力，可是客观环境却还未成熟时去做某事也不好。大环境的条件如果不合时宜，以本身的能力强力而行，会多花很多力气；周围人对你支持的程度不够，想强力做事，必会遭到别人的打压排挤，也会伤害到别人，甚至可能会种下仇恨的种子。

所以，当客观环境对我们不利时，当我们处于弱势时，就很难有施展自己才能的空间，仿佛困兽一般。在这种情形下我们就必须学会忍耐。而有些人碰到这种情形，常常任凭自己的性情，顺着自己的情绪行事。这样做实则只逞了一时之快，而毁了自己前进的道路。

事实上，不能忍的人“因祸得福”者并不多，大部分都不甚如意。而能成大事的人往往懂得见时机行事，知行知止。在自己的力量尚无法达到支持自己去追求想要的目标的时候，为防止别人干扰、阻挠、破坏自己的行动计划，他们会故意制造假象，会有许多的退却忍让，但这反而更能显示其韧性与忍辱负重的内在力量。由于极大的隐蔽性而又具有极强的实效性，它往往能起到攻其不备而出奇制胜甚至事半功倍的效果。

换言之，要使自己立于不败之地，就要适应外界的变化，灵活地掩藏自己，观察时机，关键时刻再出手以赢得胜利。而有时的退正是为了进，有时的守正是为了攻，有时的隐头藏尾，正是为了适时勃发。人生在世，就要通权达变，因时进退，学会刚刚好的坚持，而不是固执迂腐，盲目进取。

总之，没有积聚足够强大的实力，就不要贸然行事。要知道水不够深，大船就不能航行。努力在正确的方向上积蓄自己的实力，等实力足够了，自然能挑得起相应的重担。

## 生活感悟

绝大多数美好的获得，都很难一蹴而就。很多时候，我们总是要经历艰难，才能得到，所以要学会一边努力一边等待。等待的过程，有时候看上去会沉闷死寂，甚至浪费了时间，可是只有待时机成熟时，才能水到渠成，才能稳稳获胜。如果一味想走捷径，反而会弄巧成拙，适得其反。

# 一旦走进无路可走的胡同，请及时转身

越早放弃旧的奶酪，你就会越早发现新的奶酪。
——美国文学大师 斯宾塞·约翰逊

老鼠钻到牛角尖里去了，它跑不出来，却还拼命地往里钻。

牛角对它说：“朋友，请退出去，你越往里钻，路越窄了。”

老鼠生气地说：“哼！我是百折不回的英雄，只有前进，决不后退！”

“可是你的路走错了啊！”

“谢谢你，”老鼠还是坚持自己的意见，“我一生从来就是钻洞过日子的，怎么会错呢？”

不久，这位“英雄”便活活闷死在了牛角尖里。

“我是百折不回的英雄，只有前进，决不后退”，这只老鼠因为坚持葬送了性命，相信很多人会笑它的迂腐和无知，但我们又何尝不是如此。有时候一味地坚持，刻意地执着于一件事情、一个地方、一段情感……永远无法释怀，结果身陷泥潭，不能自拔。人生的一大悲哀就在于，轻易地放弃了本该坚持的，却固执地坚持了本该放弃的。

有位高才生在大学毕业进入社会后，渐渐被工作和生活中的挫折与困逆磨得没有了以前的那股锐气与豪情壮志了，取而代之的是一副怨天尤人、不堪重负的样子。在所有的抱怨中，他提得最多的就是埋怨自己当初进错了行业，到了一个自己不具备优势的陌生行业。

当别人问他为什么不尝试着去换换时，他却说，干了这么多年，付出了这么多，放弃这些，再从零做起，觉得亏得慌。“放弃了，以前所付出的努力不就都白干了吗？”眼里满是“何必当初”的绝望。

他觉得，自己虽然觉得在这个行业里有诸多的不满意，但已经坚守了快十年了，如今才换行业，心里会很不甘，所以唯有死扛下去，绝不回头。这些话让旁人听起来，是多么的英雄气短啊。同时，他还有这样的疑虑：“放弃了，再做别的，就一定能成功吗？”所以他选择了继续等待与死扛。

而他的有些朋友，在通过多方考虑、发现原行业不适合自己后，就果断地转行，从零起步，现在已是大有所为。他的一位大学同学，在五年前辞去了一份收入不菲的工作，然后开始创业，如今企业资产已经数千万了。由此可见，人生路上，一定要知行知止，因为，没有放下，哪有新生；没有舍弃，哪有得到。

但凡炒过股的人可能都有过这样的经历：当初刚买下来的股票眼看着一路上涨，本打算涨到某个价位时就出货，然而看看上涨的势头那么好，于是就又捂了几天，结果没想到后来开始猛跌；只是犹豫了一下，就跌回到了买入价。

想到原本是可以赚一笔钱的，却因心有不甘，而被套了下去，一路还不停地按股市专家的教导在低位补货，直至资金全部用尽，最终被深深套牢。

看着股市人气旺盛，一片翻红，也心仪其中几只，无奈资金被占用光了，若将手中的抛出去，总觉得亏损太多，心有不甘，所以只好“望洋兴叹”。

事实上，若能果断放弃手中的，在别的股票上重新投资，以盈补亏，未必不是一个补救的办法，何必一直死守着呢？现在的股市，向来讲行情，一轮一轮的，此起彼伏，一个个概念股轮着炒，大势已去时，及时回头，该抽手时就抽手，也许早就赚回来了。“该抽手时就抽手”就是“放下”，“赚回来了”就是“新生”。

以股市观人生，我们可以从中领悟到许多有价值的东西。当你在一条路上毫无头绪，一错再错，一跌再跌时，就根本没有必要再坚持下去，就应该放弃。看不到希望的路不值得你付出努力。能找到自己的位置，适时调整方向的人，是生存的智者。既能做到刚刚好的坚持，又能做到刚刚好的放弃的人，是具有非凡境界的人。

聪明的人懂坚持，高明的人懂放弃，真情的人懂牺牲，淡定的人懂退让。每个人都有很大的发展领域，不必固守一处，懂得知止，赶紧放弃，及时回头，对自己的生活进行重新定位。何必要走一条无路可走的死胡同？及早走出这条死胡同，才能有新的发现、新的开始，才有可能开拓新的局面。

蒲松龄，清朝初年山东人。出生于一个逐渐败落的中小地主兼商人家庭，自小志存高远，由于家境优越，得以安心预习举业，以图通过科举功名而一展雄才，但其命运不济，四次赶考都落第了。蒲松龄没有像《儒林外史》中的范进一样继续自己的科举梦想，他意识到自己不适合科举考试，于是果断放弃了从官之路。

通过一番思考和研究，蒲松龄立志要写一部“孤愤之书”。他在压纸的铜尺上镌刻了一副对联，上云：“有志者，事竟成；苦心人，天不负。”以此自敬自勉。后来，一部著名的文言文短篇小说集《聊斋志异》终于写成。随着《聊斋志异》的广泛传播，蒲松龄的声望日渐扩大，受到了天下读者的认可和青睐。

蒲松龄虽然试举落第，与仕途无缘，但他没有在从官之路上一条道走到黑，而是懂得知止，适时放弃了从官之路，改从文学，并在这条新开辟的方向上实现了自己的梦想，为后人留下了宝贵的精神财富。可见，知行的人是聪明的，知止的人是睿智的。能够做到刚刚好的坚持，懂得适时地放弃应该放弃的，才能拥有真正想要拥有的。

人生并非只有一处辉煌，如果通过长期努力仍不能达到设想的目标，那么就该分析一下，这个目标对自己是否合适？如果不合适，不如及早抽身，设立新的目标。比如，放弃那些没有结果的爱情，以免独自饮泣；放弃那些无法胜任的职位，以免心力交瘁；放弃无法实现的空虚梦幻，以免徒劳无益。

总之，当你总能做到刚刚好的坚持、总能知止时，你会发现，放弃了一条无路可走的死胡同，回过头来换一条路去走，反而能走向生命的开阔地，找到自己最想要的东西。

## 生活感悟

人生最大的悲哀莫过于，轻易地放弃了本该坚持的，却固执地坚持了本该放弃的。我们的忧郁、无聊、困惑、无奈等不快乐，都和坚持一条道走到黑有关。人生百味，何必苦守一处风景？审时度势，当机立断，做出取舍。当你既知行又知止时，很快就会刚刚好遇到“柳暗花明又一村”的美景。

# 前进的方向正确，坚持才会有胜利

我们处于什么方向不要紧，要紧的是我们正向什么方向移动。

——美国法学家、实用主义法学创始人 霍姆兹

美国有这样一个年轻人，他无意中发现了一则能将清水变汽油的广告。这个年轻人从小到大都很爱搞各种研究与发明创新，满脑子都是一些稀奇古怪的想法。而他人生最大的目标，就是希望自己有朝一日能成为举世瞩目的发明家，全世界人都能享用到他的发明创造。所以，当他看到这则能将水变汽油的广告时，立刻来了兴致。

他迅速买来了资料，然后把自己关在屋子里，掐断了屋里的电话线，关上了手机，断绝了自己与外界的一切联系。因为他需要绝对的安静和专心去搞这项研究，直到使这项伟大的发明成功为止。

年轻人不分昼夜地研究，经常废寝忘食。每到吃饭时，都是母亲从门缝里把饭递进去，因为他不让母亲进来打扰自己，而通常，他都是两顿饭合成一顿吃。善良的母亲看见自己的儿子越来越瘦，终于忍不住了，趁儿子上厕所的时候，溜进了他的卧室，看了他的研究资料。

不看则罢，一看她则又气又恼。因为，之前她一直以为自己的儿子是在研究很伟大的东西，没想到居然是在研究如何将水变成汽油。真是既荒唐至极，又痴愚至极！因为连她都知道，这是不可能的事情。

眼看着儿子深陷于这个荒唐的泥潭中无法自拔，这位母亲苦口婆心劝他道：“你要做的事情根本不符合自然规律，别再瞎忙了。”然而，母亲的忠告他根本就听不进去，只见他头一昂，坚定地回答说：“只要坚持下去，我相信总会成功的，坚持就是胜利！”母亲见无论自己怎么劝他都不听，只好让他研究下去。

三年过去了，五年过去了，十年过去了……岁月匆匆，转眼间他已经白发苍苍，但手头上的研究却没有任何成绩。这时候，他的父母都去世了，他又没有工作，只好

靠政府的救济勉强度日。可是他依然“初心不改”，用一句话来形容就是，他要“屡败屡战”。

有一天，一位多年不见的朋友来看他，看见了他的研究计划，惊愕地说：“原来是你！几十年前，我因为无聊贴了一份水变汽油的假广告。后来有个人向我邮购了所谓的资料，原来那个人是你！”听完朋友的这一番话，这位做了多年无用功的可怜人突然发疯了，最终住进了精神病院。

我们常常强调坚持的重要性，而历史上有很多伟大的发明创造，也都是通过坚持不懈的努力得来的。从某些程度上讲，坚持代表的是顽强的毅力，它就像不断给汽车提供前进动力的发动机。

但我们也应该明确一点，那就是前进必须沿着正确的方向，如果方向不对，则只会离目标越来越远。这时，只有率先放弃，等找准方向再重新努力，才是明智之举。如果方向是错的，那么坚持就一定不是胜利，放弃一定不是失败。

全球著名畅销书《心灵鸡汤》的作者马克·维克多·汉森原本从事的是建筑行业，但由于经营不善，导致自己在事业上受到了重大失利。好在，他没有继续抱住老行当不放，而是选择了彻底退出这个行业。

对于很多人来说，这个故事的演绎结果当然是让马克·维克多·汉森卧薪尝胆，终于在忍辱负重之后东山再起，重新亮相于建筑行业，并且执掌该行业之牛耳。而实际却是，他没有充当这个传奇故事的主人翁，而是用另一种途径成就了自己的事业。

建筑事业遭受重大失利后，他彻底退出了建筑业，忘记了有关这一行的一切知识和经历，甚至包括他的老师，著名建筑师布克敏斯特·富勒。他决定去一个截然不同的领域重新创业。

很快，他发现自己对公众演说有独到的领悟和热情，并且发现这是个最容易赚钱的职业。一段时间后，他成了一个具有感召力的一流演讲师。他的著作《心灵鸡汤》和《心灵鸡汤 II》双双登上了《纽约时报》畅销书排行榜，并停留数月之久。而他则慢慢成了物质和精神双重富有的人。

知止才能知行，懂放弃才能有收获；往正确的方向前进，坚持才会有胜利。一个人只有适时地放弃不适合自己的，然后去坚持正确的，才能真正获得其想要的。这就是我们提倡“刚刚好的坚持”的终极意义。

方向不对，努力白费。只有当我们找到了最适合自己的方向，并勇敢地坚持下去的时候，才能真正保证自己成功与幸福的大船航行的方向是朝向目的地的。也只有这样，我们的航程才会有满载而归的收获。

## 生活感悟

“坚持就是胜利”固然是一个颠扑不破的真理，但它有一个前提，那就是我们坚持的事情是值得坚持、应该坚持的。否则，错误的坚持不但不会为我们带来胜利，反而会让我们南辕北辙，背道而驰，离我们真正想要到达的目的地越走越远。

# 知止，放下，日日都是崭新天

> 有取有舍的人多么幸福，寡情的守财奴才是不幸。
>
> ——波斯诗人 鲁达基

林青霞是台湾非常著名的影星，但她的成功和荣誉并没有带给她幸福，她经常感觉自己闷闷不乐，于是决定去修行。她拜访了一位得道高僧。她问高僧：“如何才能洗尽铅华，让自己的内心得到满足？”

高僧微笑着说：“空谈无益，你在庙内坐三天禅就知道了。”

林青霞听从了高僧的建议，决定坐三天禅。在坐禅期间，她的电话被没收了，然后被告知，在这里不能化妆，不许看电视，所有人一起睡通铺，晚上10点钟必须睡觉，早上5点钟必须起床。这样的生活对林青霞来说太苛刻了，但是她没办法，只能让自己去适应。

第一天早上吃完早饭，林青霞坐在大厅内听高僧开示。虽然高僧说了很多，但是只有一句令她印象深刻，那就是：“面对它，接受它，处理它，放下它。”

林青霞想了想以前的自己，那时候为了追求名利，总是搞得自己疲惫不堪。现在，当初追求的都拥有了，可是又能怎么样呢？生命中有太多的不如意。荣耀和富足过后，只有那绵延无尽的空虚和无奈。于是，她问自己：“为什么自己不能放弃那些虚无缥缈的追求，去做自己真正想做的事呢？”带着这个问题，她再次请教高僧。

高僧微笑着道：“今天是第一天坐禅，三天后，如果你自己还是悟不透，我再教你。”

三天很快就过去了。这三天，林青霞一直素面布衣，不怒不喜，很少与人说话。对她而言，这三天是她从未有过的生活。这段生活最终令她体会到，荣誉地位看起来很美好，但是真正的美好还是在于一个人的心。

我们每天都在追求，时间久了，心中堆积的东西越来越多，烦恼也就随之越增越多。然而，那些不快乐的记忆堆积多了，便很容易令人变得萎靡不振。这时候，我们只有将这些堆积物清理干净，我们的心才能变得宽广透亮，轻松自在。

怎么样清理呢？知止。怎么样知止呢？面对它，接受它，处理它，放下它。当我们能够在拼搏追求物欲名利的路上，懂得适时地停下疲惫的脚步，放下一切多余之物，抛弃一切执着，淡泊明心，奋力敲碎心中贪欲顽石，就能以智慧、慈悲、淡然去迎接崭新、美好的明天。

有位居士向师傅诉说了自己的很多痛苦，希望师傅能帮自己找到解脱的法子。

师傅说：“请你将那装满水的桶提起来好吗？”

居士欣然同意。然而，他用双手提起装满水的木桶后，师傅却在闭目念经。过了许久，居士已是满头大汗，双腿都有些站不稳了。他见师傅无动于衷，便忍不住问道：“师傅，我要提到什么时候才能放下？”

师傅睁开眼看了他一眼，然后轻轻说道：“你想放下就放下吧。”

居士猛然醒悟，心中的痛苦立即消失。

人之所以不快乐，是因为心中有一块石头。这块石头可能是功利心，也可能是贪念和欲望。不管是什么，只要它存在，我们就永远快乐不起来。谁能把这块石头搬走呢？这个人只能是自己。

居士提着水桶一直没有放下，是因为没有师傅的命令。而师傅却认为，放下的权利在居士手中，只要居士想放下，没有人可以逼迫他不放下。无论是人们内心的浮躁、不安，还是外在的苦难、困扰，能够化解的只有自己，他人的劝解只能是帮助你看清你的内心。

佛说：“一念烦恼起，百万障门开。”唯有知止，我们的心才能从欲望的牢狱中释放出来；唯有放下，我们的每一天才能都充满了崭新的希望。

## 生活感悟

烦恼皆因放不下。放不下对一个人的思念，就会有思念的烦恼；放不下对奢华财富、社会地位的盲目追求，就会有得不到的烦恼。唯有知止才能放下。怎么知止？放下那些压得我们喘不过气来的东西，放下那些让我们烦恼不堪的东西，放下那些迷失方向的东西。只有知止，放下，我们才能轻装远行。

# CHAPTER 4

# 得之不过喜，失之不过悲

在这个贪心的世界里，我只要刚刚好的心情。什么是“刚刚好的心情”？就是得之不过喜，失之不过悲；就是宠辱不惊；就是懂得“塞翁失马，焉知祸福”的道理；就是在遭遇大悲之事时能够让自己不沉溺在悲伤之中，尽快从悲伤的河流中爬上岸；就是在极大的好运气降临到自己头上时，能够保持清醒的头脑，不被大喜事冲昏了头脑，从而避免乐极生悲。漫漫人生旅途，你一路走一路经历，一路获得又一路失去。你会发现，人生不如意事常八九，失总是多于得，悲总是多于喜。得与喜让我们快乐，失与悲让我们伤心难过。但为了让自己拥有更多的好心情，我们一定要学会调整自己的心态，让自己获得最持久的快乐。最持久的快乐是什么呢？拥有刚刚好的心情。

# 得之不过喜，失之不过悲

得之我幸，不得我命。
——现代诗人、散文家 徐志摩

有个小男孩在十岁的时候遭遇了一场车祸，失去了左臂。但是，他很想学习柔道，于是拜了一位很知名的柔道大师为师。刚开始的三个月，师傅只教了他一招，这令小男孩十分不解，但他还是照着做了。

有一天，小男孩实在忍不住了，就问师傅：“我是不是应该再学习其他的招式呢？”

师傅摇头后坚定地说道：“不，你只需要学会这一招就够了。”

小男孩虽然有些难以理解，但他很相信师傅，于是继续练这一招。几个月后，师傅第一次带着小男孩参加比赛。没有想到的是，小男孩很轻松的就赢了两场。第三场有些困难，但是因为对手的急躁，所以他凭着自己的敏捷和耐心，又赢了。就这样，小男孩进入了决赛。

决赛的对手很高大，而且比小男孩要健壮许多，也更有作战的经验。起初的时候，小男孩还能应对，时间越久，他越变得力不从心。裁判担心小男孩会受伤，准备暂停比赛，但是师傅不答应。

小男孩静下心来，继续使用自己的那一招，最后胜利了。回想起赛场上的每一个细节，小男孩终于说出了心中的疑问，他问道：“师傅，我怎么居然能凭着一招就赢得了冠军呢？”

师傅微笑着说：“有两个原因。首先，那一招是柔道中最难学的一招。其次，据我所知，对付那一招的唯一的破解方法是，抓住你的左臂。”

俗话说：“凡有一得必有一失，凡有一失必有一得。”小男孩失去了左臂，但是机缘巧合之下，他学到了柔道的精华，取得了很好的成就。

当春天失去了翠绿，得到的会是丰硕的金秋；当青春逝去之后，得到的会是成熟与稳重。佛家有云：“失去是一种痛苦，也是一种幸福。”我们失去的同时也在获得，得到与失去，追求与放弃，都是生活中最平常的事情，我们不能因为患得患失而焦虑，应该用平常心与豁达心去看待。

一个圆环失去了一个部件，它旋转着去寻找部件。因为有缺失，它滚动得十分缓慢。但这时候，它却有机会欣赏沿途的风景，可以安静地晒着太阳，或者与地上的小虫子聊天。而当它完整之后，失去的却是享受，收获的只有忙碌，因为它又要不停地、迅速地向前滚动着。

能失去的东西，它本就不属于我们自己。冥冥之中自有注定，而很多东西我们得到了之后也别沾沾自喜，因为很可能有一天，它们就将离我们而去。

生活总是遵循着能量守恒定律，得与失每时每刻都在上演，所以我们得到时不必太过喜形于色，失去时也不必太过悲伤难过。我们能让自己天天享受到刚刚好的心情，就是最大的幸福。如何才能不让我们的心跟着大喜大悲而起起落落，从而让自己拥有刚刚好的心情呢？懂得“一切都是上天对我们最好的安排”的道理，学会保持一颗淡定的平常心。

## 生活感悟

我们失去的同时也在获得，得到与失去，追求与放弃，都是生活中最平常的事，因此我们不能因为患得患失而焦虑，应该用平常心与豁达心去看待，明白我们遭遇到的一切，都是上天对我们的刚刚好的安排。这样，我们就能每天都享受到刚刚好的快乐，拥有刚刚好的心情。

# 得到未必是福，失去未必是祸

> 祸兮福之所倚，福兮祸之所伏。
>
> ——老子

《淮南子·人间训》中说：有一位住在边塞地区的老人，生性达观，为人处事的方法也与众不同。有一天，老人家的一匹马不知道什么原因，在塞外放牧时竟然走失了。邻居们得知了这一消息以后，纷纷表示惋惜。但老人却不以为然，反而劝慰大家说："丢了马匹当然是件坏事，但谁知道它不会带来好的结果呢？"果然没过几个月，那匹走失的马又从塞外跑了回来，还带回来了一匹胡人的骏马。

于是，邻居们又一起前来道贺，并夸他在丢失马匹时就有远见。然而，老人却忧心忡忡地说："唉！谁知道这件事会不会给我带来灾祸呢？"自从家里添了一匹骏马后，老人的儿子喜不自禁，天天骑着游玩。有一天，得意忘形的他，竟然从飞快的马背上掉了下来，摔断了一条腿，成了终身残疾。善良的邻居们闻讯后，赶紧前来安慰老人。没想到，老人却淡然地说："这也许还是件好事呢。"

又过了一年，胡人大举入侵，边塞形势骤然紧张，身强力壮的年轻人都被征去当了兵。几场大战过后，十有八九的人都死在了战场上。老人的儿子因为有残疾，得以免服兵役，父子二人也就因此避免了这场生离死别的灾难。

于是，中国的成语词典上就有了一个新的成语："塞翁失马，焉知非福。"跟这句话意思差不多的千古名言还有春秋时期的圣人老子的"祸兮福之所倚，福兮祸之所伏"。这两句名言都告诉了世人：人世间的好事、坏事都不是绝对的，在一定的条件下，得到未必是福，失去也未必是祸。

有位哲人给世人说过这样一句哲理深刻的话："当下的一切就是最好的安排。"如何去理解"当下的一切就是最好的安排"呢？如果我们身上发生了幸运的事，这就是老天爷在眷顾我们，这样的安排，毫无疑问是"最好的安排"。当我们身上发生了不幸的事后，如果你想到了"祸兮福之所倚"，知道不幸过后就会有幸运，自然就不会为了不幸而伤心、痛苦、烦恼，再坏的状况也不会让你有坏心情，你的心情始终保持在“刚刚好”的状态，这样算不算也是“最好的安排”呢？

从前有个国家，地不大，人不多，人民过着悠闲快乐的生活，因为他们有一位不喜欢做事的国王和一位不喜欢做官的宰相。国王没有什么不良嗜好，除了打猎以外，最喜欢的事是与宰相一起微服私访民情。宰相除了处理国务以外，就是陪着国王下乡巡视。这位宰相还有一个让人印象深刻的地方，那就是他常常爱说一句话：“当下的一切都是最好的安排。”

有一次，国王兴高采烈地到大草原打猎，随从们带着数十条猎犬，声势浩荡。国王的身体保养得非常好，筋骨结实，肌肉泛光。来到猎场后，只见国王骑在马上，威风凛凛地去追逐一头花豹，随从们都不禁赞叹国王的勇武过人！

花豹奋力逃命，国王紧迫不舍，一直等到花豹的速度减慢时，国王才从容不迫地弯弓搭箭，瞄准花豹。“嗖”的一声，利箭像闪电似的，一眨眼就飞过草原，不偏不倚地钻入了花豹的脖子，花豹惨嘶一声，扑倒在地。

国王很开心，看到花豹躺在地上很久都没有动静，便在随从尚未赶上时，就下马去检视花豹。没想到花豹就等这一刻，使出了最后的力气，突然跳起来扑向了国王。国王一愣，看见花豹张开血盆大口咬来，他心想：“完了！”幸好随从及时赶到，将花豹射死。

随从们忐忑不安地走上前来询问国王是否无恙，国王发现自己的小指头被花豹咬掉了小半截，血流不止。御医立刻上前包扎。国王虽然伤势不算严重，但兴致被破坏光了，便闷闷不乐地回宫了。

回宫后，国王越想越不痛快，就找了宰相来饮酒解愁。宰相知道了这件事后，便边举酒敬国王边微笑说：“大王啊！少了一小块肉总比少了一条命来得好吧！失去未必是祸，想开一点，当下的一切都是最好的安排！”

一听这话，郁闷了半天的国王终于找到了宣泄的机会：“嘿！你真是大胆！你真的认为当下的一切都是最好的安排吗？”

面对国王的愤怒，宰相毫不在意：“大王，真的，如果我们能够超越自我一时的得失成败，确确实实，当下的一切都是最好的安排。”国王说：“如果我让侍卫把你拖出去砍了，也是最好的安排？”宰相依然微笑：“如果是这样，我也深信这是最好的安排。”

国王勃然大怒，一挥手，两名侍卫立刻近前，国王说：“你们马上把宰相抓进大牢里关起来！”宰相回头对他一笑，说：“这也是最好的安排！”

过了一个月，国王养好伤，打算像以前一样找宰相一块儿微服私巡，可是想到是自己亲口把他关入监狱里的，一时也放不下身段释放宰相，叹了口气，就自己独自出游了。

走着走着，他来到了一处偏远的山林。这时，忽然从山上冲下来一队脸上涂着红黄油彩的野蛮人，三两下就把他五花大绑，带回了高山上。国王这时才想到今天正是满月，这一带有一支原始部落，每逢月圆之日就会下山寻找祭祀满月女神的牺牲品。他哀叹了一声，心想这下可没救了。

该部落的大祭司现身后，国王便被当众脱光了衣服，露出了细皮嫩肉的龙体。大祭司啧啧称奇，想不到现在还能找到这么完美无瑕的祭品！原来，今天要祭祀的满月女神，正是“完美”的象征，所以，祭祀的牲品丑一点、黑一点、矮一点都没有关系，但是不能残缺。就在这时，大祭司发现国王的左手小指头少了半截，他忍不住咬牙切齿咒骂了半天，忍痛下令说 ：“把这个废物赶走，另外再找一个！”脱困的国王大喜若狂，飞奔回宫，立刻叫人释放宰相，在御花园设宴，为自己保住一命、也为宰相重获自由而庆祝。

国王一边向宰相敬酒一边说：“宰相，你说的不错，果然当下的一切都是最好的安排！如果不是被花豹咬了一口，今天恐怕连命都没了。”宰相回敬了国王。

过了一会儿，国王忽然问宰相说：“我侥幸逃回一命，固然是‘当下的一切都是最好的安排’，可你无缘无故在监狱里蹲了一个月，这又怎么说呢？”

宰相慢条斯理地喝下了一口酒，才说：“大王！您将我关在监狱里，对我来说确实也是最好的安排啊！您想想看，如果我不是在监狱里，那么陪伴您微服私巡的人，不是我还会有谁呢？等到野蛮人发现您不适合拿来祭祀满月女神时，谁会被丢进大锅炉中烹煮呢？不是我还有谁？所以，我要为您将我关进监狱而向您敬酒，您救了我一命啊！”

可见，得到未必是福，失去未必是祸；祸兮福之所倚，福兮祸之所伏；当下的一切都是刚刚好的安排，甚至是最好的安排。任何事物都有利与弊这两面，当你能够学会辩证地看待这个世界时，你就能少一些挫败感，多一些淡定；当你认为自己拥有的刚刚好足够了，你就必能享受到更多“刚刚好的心情”，以及轻松愉快的人生。

## |生|活|感|悟|

请相信，你眼前的一切就是刚刚好的安排，甚至是最好的安排，你遇见的人，你遇到的事，都会在未来的某一天告诉你，多庆幸那些事、物、人的出现，正是它们成就了现在的你。当你明白了这些后，你能得之不过喜，失之不过悲，每天都拥有刚刚好的心情。

# 坦然面对无常事，人生失意常八九

只要你不计较得失，人生还有什么不能想办法克服的呢？

——美国著名作家 海明威

有一位孤独的年轻人倚靠着一棵树晒太阳。他衣衫褴褛，神情萎靡，不时有气无力地打着哈欠。一位僧人由此经过，好奇地问："年轻人，如此好的阳光，你不去做你该做的事，却懒懒散散地晒太阳，岂不是辜负了大好时光？"

"唉！"年轻人叹了一口气说，"在这个世界上，除了我自己的躯体外，我一无所有。我又何必去费心费力地做什么事呢？每天晒晒我的躯体，就是我做的所有事情了。"

"你没有家？"

"没有。与其承担家庭的负累，不如干脆没有。"

"你没有你的所爱？"

"没有。与其爱过之后便是恨，不如干脆不去爱。"

"没有朋友？"

"没有。与其得到还会失去，不如干脆没有朋友。"

"你不想去赚钱？"

"不想。千金得来还复去，何必劳心费神动躯体？"

"噢，"僧人若有所思，"看来我得赶快帮你找根绳子了。"

"找绳子干嘛？"年轻人好奇地问。

"帮你自缢！"

"自缢？你叫我去死？"年轻人惊诧地说。

"对！人有生就有死，与其生了还会死去，不如干脆就不出生。你的存在，本身就是多余的，自缢而死，不是正符合你的逻辑么？"

僧人的话说得很在理，因为哀莫大于心死，与其如此悲观地看待生活中的一切，还不如早点结束自己的生命呢。事实上，人生失意之事十之八九，人生处处皆是无常事。只要读懂生死与无常，才能置之死地而后生，获得新生获得阳光获得快乐。

一个人可以没有金钱，可以没有名利，可以没有爱情，可以没有亲人和朋友，但是不能没有希望，没有好心情！希望与好心情从何而来？坦然面对人生中的无常，多关注人生中的一二得意之事。

在罗阅祇城有一个婆罗门，他经常听说舍卫国的人民绝大多数都孝养父母、信仰佛法，而且善于修道，并供养佛法僧三宝。他对此心中十分向往，于是便想去舍卫国观光并修学佛法。

到了舍卫国，他看见有父子二人正在田中耕地、播种。忽然，有一条毒蛇爬到了那儿子的跟前，将他咬死了。然而那父亲不但不管儿子，反而接着干活儿，连头也不抬。此情此景令这个婆罗门大为惊奇，便上前去问那父亲原因。耕种者反问道："你从何方来，来此为何目的？"

婆罗门回答说："我从罗阅祇城来，听说你们国家多孝养父母、信奉三宝，所以打算来求学修道。"接着，婆罗门问道："你儿子被毒蛇咬死了，你为什么不但不难过，还接着耕地播种呢？"

耕种者说："人的生老病死以及世间万物的成败，皆为自然规律，忧愁啼哭能有什么用呢？如果伤心得饭也不吃、觉也不睡，什么事也不干，那不是跟死人一样吗？如果是这样，那活着的意义就不大了。你要进城的话，当路过我家时，请替我捎话给我的家人，说儿子已经死了，不必再准备两人份的饭菜了。"

这个婆罗门心里暗想："这个人可真不像话！儿子被毒蛇咬死了，竟然不悲伤，反而还想着吃饭的事，真是太没有人性了啊！"

他进入舍卫城，来到耕种者的家，见到了那人的妻子，便说道："你的儿子已经死了，他的父亲让我捎话给你说，你只需要准备一个人的饭菜就行了。"那妇人听后，说："人生即如住店，随缘而来，随缘而去，我这儿子也是一样啊！生是赤条条来，死亦赤条条去，任何人都不能违反这一规律。"他心中非常生气，对那女子说道："你的丈夫已死，你难道一点儿也不痛心吗？"那女子默然不答。

这个婆罗门怀疑自己是否走错了国家，他心里想："我听说这个国家的人民是如何慈爱、如何孝顺、如何供奉三宝，所以才想来这儿学习修道的，没想到碰上的却都是这等没有人性的人。这种人又怎配信佛修道呢？"

他百思不得其解，于是决定去请教伟大的佛陀。

这个婆罗门来到佛陀处，向佛陀顶礼，退坐一边，一脸的愁云。佛陀已明白他的来意，却故意问他为什么会忧愁。

他回答说："遇事不合我的想法，故而忧愁。"

佛陀又问："遇上什么样的事不合你之所想了啊？"

他便一五一十地如实向佛陀禀告了路上所见之事。

佛陀说道："善男子，这些人是真正明白人生事理的啊！他们知道人生无常，伤心悲哀均无济于事，故能正视世间及人生的自然规律，于是也就没有了忧愁！尘世之人不明白生死无常的道理，便互相贪着爱恋，等到突发事件一来，即懊恼、痛苦，甚至痛不欲生，无以自制。正如人得了热病，高热谵语，恍恍惚惚，胡说八道，只有经过良医诊治下药后，热退病愈，才不会再说胡话了。"

佛陀接着又说："世间俗人长时间被贪、嗔、痴三种烦恼袭扰，不能自拔。如果自己能明白无常之道理，能明白佛法苦集灭道之道理，那么自然烦恼尽除。这些人，皆可以证道啊！"

这个婆罗门闻佛所说，即自责道："我真愚痴，不明佛法大义，现在一经佛说，如黑暗中见到了光明，恍然大悟！"

佛经里有这样的话："命如果待熟，常恐会零落，已生皆有苦，孰能致不死？"意思是说，生命就如同长在树上的果子，每一颗果子都要经历风吹雨打，有的能瓜熟蒂落，有的等不到成熟就飘然零落了，没有谁能保证所有的果实都能够长到成熟。人生也是一样，无常鬼每天都跟随在我们身后，不知道哪一天就把我们的生命偷走了。

人生充满无常。生命的无常是无法回避的，我们应该面对它、认识它、超越它。人生都要经历生老病死，如同春夏秋冬的轮转一样，是一种自然现象。只有明白了生命的无常，才会珍惜生命的有限，才能放下无谓的执着，才可以坦然地面对人生的苦难和死亡，才会宠辱不惊，淡然面对得失，总是拥有一副刚刚好的好心情。

怎样才能学会坦然面对人生的失意、苦难和死亡呢？方法有很多，其中之一是学会旷达。学会旷达，就不会再因生活中一些无谓的琐事而斤斤计较；学会旷达，就不会再因生活中别人几句逆耳的言语而耿耿于怀；学会旷达，就不会再因生活中那些所谓的烦恼而忧心忡忡；学会旷达，就能站在人生的另一个高度上去看待和审视周围的人和事；学会旷达，就能拥有超然的态度，以乐观、宽容的心去正视现实，从而令自己眼中的世界变得越来越广阔，心胸也越来越开阔。

佛家说，人生本来就是一场空，从空旷中走来，向空旷中走去，最后四大皆空。所以没有什么想不开的事，没有什么放不下的物，也没有什么离不开的人。况且，人生的欢乐是多么的少，时间又是多么的短，何苦把自己溺陷在令自己烦恼、痛苦之事上呢？明白了这些，你就能常看只占人生中一二比例的得意之事，从而总能拥有刚刚好的好心情。

## 生活感悟

人生旷达了，心智自然也就不会劳累，就不会活得那么拘谨和痛苦。坦然面对无常事了，人的生命就获得了自由和解脱，从而自斤斤计较的小圈子里走出来，不在无谓的事情上浪费自己，而能务其大者、远者，创造人生的壮丽风景，并享受到更多的好心情。

# 分享美好事物，心是幸福的

> 将欲取之，必先予之。
>
> ——孙子

有一位老禅师在寺庙院子内种了一棵菊花，在第三年秋天的时候，院子成为了菊花园，香味一直飘到了山下的村子里面。凡是来寺庙参拜的人都会忍不住赞叹：“好香的菊花啊！”

有一天，山下村子的村主任带着几个人来到寺庙，想让老禅师给自己几棵菊花，然后栽在自家的院子内。老禅师答应了，并亲自挑选了开得最艳丽、枝叶最粗壮的几棵，挖出根后送到了村主任家中。消息很快传开了，于是去寺庙要花的人络绎不绝。

在老禅师眼中，这些人一个比一个真诚，一个比一个亲近，岂有不给的道理。没几日，院子里的菊花就被送得一干二净。没有了菊花，寺庙仿佛寂寞了很多。秋天的最后一个黄昏，有个小和尚看到满院凄凉，忍不住感叹道：“真可惜！这里本来应该是满院花朵和香味的。”

老禅师闻言，笑道：“你想想，这样不是更好吗？三年后将会有一村子菊香。”

弟子听后，心头一热，看着老禅师，只觉得他脸上的笑容比花朵还要灿烂。

老禅师告诉小和尚：“我们应该把美好的事物拿出来和别人一起分享，即使自己一无所有，心却是幸福的！”

不舍一株菊花，哪得一村菊香；不学会分享美好的事物给大家，哪有幸福快乐和好人缘？分享是一种智慧，善于和乐于分享的人一定是豁达大度的人。懂得分享，更容易与快乐结缘，更容易获得好心情。

在很久以前，有个海岛上沉淀了许多大珍珠，这些珍珠颗颗价值连城。但由于条件所困，人们无法登陆到海岛上，只有栖息在海岸附近的海鸟才能飞往小岛。这种海鸟每到白天都会去吃海岛上的珍珠，于是人们便用弓箭射杀飞回岸边的海鸟。

时间一长，海鸟快被杀得灭绝了。活下来的海鸟都过得胆战心惊，只要一闻到人的气息，就会飞得没有踪影。

后来，海岸边来了一位商人，在附近买下了一大片树林，并在树林的周围围上了栅栏，不允许其他人进入。同时，他告诫仆人，不允许捕捉和驱赶海鸟，更不允许射杀。于是，当其他地方有人射杀海鸟时，海鸟们便会惊慌失措地躲进商人的树林。

后来，海鸟们发现商人的树林很安全，于是都在林子内定居了下来。而商人则用各种果实做成鲜美的食物给海鸟吃。海鸟很贪吃，吃得十分饱，就连肚子里的珍珠都吐了出来。日复一日，商人后来变得富可敌国。

这个故事启示世人，只有懂得舍弃小的，才能收获大的；只有先给予，才能后收获；只有会分享，才会有大收获。这位商人的致富传奇，印证了舍小得大的分享的真谛。

不舍一株菊花，哪得一村菊香；不先付出树林和美食，哪能收获源源不断的珍珠？生活是一个付出与得到、分享与收获的过程。这个过程是重复的因果循环，以付出、分享为前提，以收获为结果；以舍为因，以得为果。

如果拥有菊花，只想着自己藏在小园子里独自欣赏，是不可能获得分享之后的快乐的。更不可能体验到让众人快乐后，自己的快乐会倍增的感受。

如果只想着得到珍珠，不学会给海鸟们一个安身之所以及每天裹腹的美食，海鸟迟早绝种，珍珠自然就再也无法从海鸟处获得了。唯有先给予海鸟们安身之所和充足的食物，海鸟们才会回馈以源源不断的珍珠。

孔子有云，将欲取之，必先予之。学会了分享、付出，才有可能拥有获得的快乐。总是能分享你能够分享的东西，你就会总是收获好心情，并得到很多你意料之外的好东西。

### 生活感悟

学会分享，不一定会收获什么物质回报，但一定会常常获得好心情。因为分享，是快乐的。懂得付出，知道怎样给予别人帮助，对方不一定会给你回报，但你早就已经得到了快乐好心情。这，就是学会分享，懂得给予的最大意义和好处。

# 悲伤所失，不如再寻所得

> 有时失去不是忧伤，而是一种美丽。
> ——日本著名小说家 村上春树

一场战争过后，街上到处都是物品。一个农夫和一个商人在街上寻找有价值的东西。很快，他们发现了一大堆烧焦了的羊毛。于是两人平分了羊毛，一人一半，各自背在了身上。

他们继续往前走，又发现了一些布匹。于是农夫将身上沉重的羊毛扔掉了，选择了一些较好的布匹。商人却将农夫丢下的羊毛和剩余的布匹统统都背在了身上。很快，背上的沉重使得他气喘吁吁，行走都十分艰难。

走了不远，他们又发现了一些银质的餐具，农夫又将布匹扔掉，捡了一些较好的银器，而商人却因为沉重的羊毛和布匹被压得无法弯腰，所以难以捡起剩下的银器。

忽然，天空下起了大雨，商人的羊毛和布匹都被淋湿了。最终，他饥寒交迫地倒在了泥泞中。而农夫却带着银器，一身轻松地回了家。后来，他变卖了银器，生活好了起来。

得到了不等于拥有，失去了也不等于一无所有。就像这位商人，得到了很多，但最终连命都失去了。又如那位农夫，因为敢于舍弃，所以得到和拥有了更多。

在生活中，很多人都像这位商人似的，自己背负的东西已经把自己压得受不了了，还不愿意放下。有很多人失去了一些东西，便悲伤不已。如果你也是容易悲伤于失去的人，不妨学一学那位农夫，“与其悲伤所失，不如再寻所得”。

很多人以为，名利钱财权位之类的东西，肯定是拥有得越多，就越能给我们快乐；拥有得越多，我们的心情就越好。事实上并非如此。名利钱财权位等身外之物，如果拥有得刚刚好，是能够给我们幸福和快乐的。但如果是无度地去追求，过于贪婪，就不但让我们失去好心情，甚至还会给我们招惹来无穷的灾祸。

很多人都知道陶渊明。陶渊明生性淡泊，因为看不惯官场的作风，所以辞职回家。他舍弃了荣华富贵，却得到了怡然自得，心灵安静，成为了流芳百世的“隐者”。

佛教创立者释迦牟尼亦是如此。在19岁时，他便参透了人世间生、老、病、死等诸多烦恼，于是毅然舍弃了王族生活，出家修行。当他放弃了亲情、友情、爱情之后，寻到的是人间大爱，并且创立了影响人类社会数千年的佛教，造福了一代又一代数不胜数的人。

无论是陶渊明这样的隐者，还是释迦牟尼这样的出家修行人，都拥有极少的物质财富，却拥有了极多的精神财富，比绝大多数人体验到了更多的快乐。他们每天都拥有刚刚好的好心情。这很值得我们学习。

谭盾是一个热爱音乐的人，很喜欢拉小提琴。刚到美国的时候，他靠着到街头拉小提琴卖艺赚钱，养活自己。事实上，拉小提琴和摆地摊没有什么两样，都必须争一个好地盘，因为只有人流量多才赚得到钱，人流少生意就会很差。

谭盾很幸运，他遇到了一位黑人琴手，两人一起找到了一个最能赚钱的地盘，那是一家银行的门口，那里天天人来人往，人群川流不息。

过了一段时间，谭盾赚到了不少钱，但他的眼光超越了金钱，看得更远。于是他向黑人道别，然后去了音乐学院进修。在学校里，他拜师学艺，和琴技高超的同学们相互切磋，几乎把所有的时间和精力都投在了音乐上。

十年后，谭盾有一次路过以前卖艺时的银行，发现那位黑人琴手还在。黑人一如既往地满足与陶醉。当黑人看到谭盾时，高兴地停下拉琴的手，热情地问道：“兄弟，好久没见，你现在在哪儿拉琴啊？”

谭盾回答了一个很有名的音乐厅的名字，但黑人似乎没有听说过，所以他问谭盾：“那个地方很好赚钱吗？”

谭盾没有说明，只是淡淡地说道：“还好，生意还不错。”

黑人哪里知道，此时的谭盾已经是一位世界知名的音乐家，经常去著名的音乐厅中表演，而不是在门口卖艺。

岁月流逝，人们容易在成长中患得患失，在得失间徘徊。于是，得之狂喜，失之狂悲。然而，人，必须懂得何时放手，离开那看似赚钱的地方，才能赢得更大的成就；人，必须不断努力，鼓起勇气去开创另一个高峰，才能看到更加壮美的风景。人，必须正确面对悲伤，才能收获更多欢喜；必须放下那些多余的东西，才能拥有更多快乐；

必须淡看得失，才能享受更多的好心情。

## 生活感悟

人生其实就是这样，你失去了的东西，都有一定的理由，或者让你明白一些道理，或者让你开始一段崭新的旅程。无论失去了什么，你都要学着接受，而不应该伤春悲秋。最好的做法是，尽快停止悲伤所失，开始寻找下一个所得。这样，你才会比大多数人拥有更多的快乐好心情。

# 懂得了苦，才发现得了福

不受苦中苦，难为人上人。

——明朝著名剧作家 冯梦龙

在一条河的两岸，一边住着一位普通的老百姓，另一边住着一位刚皈依佛门的僧人。

那位普通的老百姓看着僧人每天除了诵经撞钟便无所事事，心中无比羡慕。那位僧人看着这位普通老百姓每天都可以日出而作，日落而息，心中不由得痒痒了起来。随着时间的慢慢流逝，他们心中有了一个同样的想法：到对岸去。

终于有一天，他们相互达成了一个交换的协议：那位普通的老百姓去对岸过僧人的生活，而僧人来到河对岸过普通老百姓的生活。

起初，交换后的两个人对自己的生活都非常满意，可是一段时间后，成为僧人的普通老百姓发现：原来当僧人并非自己原来想象的那么美好，虽然这种日子很悠闲，可是反而让忙惯了的自己有点手足无措，他开始怀念以前那种虽然辛苦但是充实的生活了；而僧人的心情也是如此，面对世间的种种烦恼、辛劳和困惑，他发现自己根本无法承受，而那种每天与佛禅为伴的生活更加适合自己。

于是，两人又不约而同地提出了取消交换的要求。之后，两个人都很认真地投入到了自己各自的生活当中，不再有抱怨，也没有再去羡慕过对方。

这个故事中的两位主人翁，最终都在反思中发现了自我，开始更加珍惜自己当下的生活。这一切都要归功于他们之前的那段交换的经历，正是在交换之后所经历的那种痛苦，让他们了解到自己真正想要追求的是什么，真正属于自己的幸福又是什么。

无论是什么样的经历，只有在自己亲身经历过之后，留在脑海中的那种印记才是最刻骨铭心的。尤其是那些非比寻常的经历：比如说突然遇到了重大的交通事故，自己成为了唯一的幸存者；或者是生了重病，本以为无药可救，最终却转危为安。

正是因为这种濒临死亡所带给他们的苦，让他们开始对自己的人生重新定位，从而修正了自己以前的那些错误的价值观，开始学会更加珍惜当下，不再患得患失。

某个宁静的夜晚，在一所千年古刹里面，有两块小石头正在说着悄悄话。

一块铺在地面上的做台阶的石头向被雕成佛像的另一块石头抱怨道："虽然说咱们都是从一座山上运下来的，可是各自的命运却迥然不同。你看你现在的生活多么风光，每天都有那么多人跪在你脚下顶礼膜拜。再看看我的样子，简直倒霉极了，每天都被别人踩来踩去。"

那个已经被雕刻成佛像的石头听了这话之后，笑了笑，然后意味深长地说道："虽然现在的我非常风光，可是你别忘了，咱们来到这座寺庙的时候，你只挨了四刀，而我身上所受到过的伤痕多得连我自己都记不清了！"

这一段简单的对话，为我们道出了一个千古真理——大千世界，芸芸众生都希望自己能够在人世间留下浓重的一笔。可是我们首先要扪心自问，你做好了"千刀万剐"的思想准备了吗？你能忍受得住那份撕心裂肺的痛苦吗？

纵观古今中外，遍阅典籍史册，凡是那些集大成者，哪一个不是经历过千般困苦，万般磨难，最终才扬名四海，成就一番伟业的？

在古典名著《红楼梦》中，袭人就曾对贾宝玉说过这样一句话："成人不自在，自在不成人。"这也再次启示我们，那些我们原本以为不能承受的生命之痛，恰恰是让我们变得更加坚强的必要经历。

懂得了苦，才发现得了福；懂得了失，才明白了得；懂得了生活的真谛，才明白了快乐与幸福。每个人都希望自己每天都过得快乐与幸福，然而现实刚好相反，绝大多数人在很多时候都觉得自己过得不快乐不幸福。

其实，哪有那么多的不快乐不幸福呢？不过是大多数人都容易得之狂喜，失之过悲，并且不愿意吃苦，不甘去承受挫折与磨难，所以就不容易与幸福牵手，与快乐结伴，与成功为友。而当你能悟透了一个"苦"字，你就能明白幸福从何而来，就会珍惜你当下的一切，总能享受到刚刚好的快乐。

## 生活感悟

苦，是可以折磨到我们的。可是它能让我们更加深切地领悟人生，让我们拥有更加坚毅的性格。只有经历过苦，我们才能学会感恩与珍惜，才能发现幸福之真正所在，才能体会更多刚刚好的快乐好心情。欢乐与痛苦相伴，艰辛与甜美共生。今天的苦正是为了明天更好的甜，我们的个人价值在苦中才能得到更大的体现。

# 换不了环境就换一换心情

能控制好自己情绪的人，比能拿下一座城池的将军更伟大。

——法国军事家、政治家 拿破仑·波拿巴

很久以前，人类是赤着双脚走路的。有一天，一位国王去到某个偏远的乡间旅行，因为路面崎岖不平，有着很多碎石头，所以他的脚被刺得又痛又麻。回到王宫后，他下了一道命令，要将国内的所有道路都铺上一层牛皮。他认为这样做不仅是为了自己，还是造福万民之举。然而，他的这一做法如果真的落实下去，那么即使杀尽全国所有的牛，也搜集不到足够的皮革。然而，由于这是国王的命令，所以大家也只能摇头叹息，不知怎么办才好。

这时，一位充满智慧的大臣大胆地上前去，向国王进言说："国王啊！为什么您要劳师动众，牺牲那么多头牛，花费那么多金钱呢？您何不只用两小片牛皮包住您的脚呢？"国王乍一听感到很突兀，但很快就明白了这一建议的高明。于是，他立刻收回成命，采纳了这个建议。据说，从此以后，世界上就多了一种叫"皮鞋"的东西。

人们总是习惯于用自己的尺度去要求别人，希望周遭环境能顺应自己的要求。然而，周围的人是不会为你做出什么改变的，除非他们是为了某种目的而主动去改变。如果认识不到这一点，人便总会处于茫然失落的状态之中。其实，人之于环境唯一能做的就是改变自己而去适应它。怎么改变？学会转换心情。

学会转换心情，才能更好地活在当下；学会转换心情，才能成为心情的主人。掌控好自己的心情，成为心情的主人，才能更好地追求自己的目标，实现自己的理想。当你明白了这些，你就能少一些不切实际的幻想，多一些踏实去做好当下；你才能少一些不快乐不幸福，多一些真愉快好心情。

有人把世界上的人分为两种：成功的人和失败的人。这两种人的区别在哪里呢？

其中一个区别是，他们在日常生活中每一个当下所拥有的心情是不同的，准确地说，是自己控制当下心情的能力有所不同。

成功者在其人生道路上，其实并非如外人所看的那么一帆风顺，他们的能力也并没有多么的超群。与失败者相比，他们只是更善于控制自己的心情，更能在狂风暴雨中看到美丽的彩虹，更能在一败涂地中看到美好的将来，并时刻保持一种良好的心态，不为暂时的失败而沮丧。

失败者也并非真的像他们自己所说的那样缺少机会，他们也并非资历浅薄，更不是像某些失败者所说的苍天无眼，给自己的保佑不够多。他们之所以失败，主要原因之一是不会控制自己的心情，任自己的情绪由着面前所发生的事情随意放纵：快乐时，忘乎所以，夜郎自大，四面树敌，给自己以后的发展道路增添了许多艰难险阻；愤怒时，怒火中烧，殃及池鱼；消沉时，借酒消愁却愁更愁，任自己的萎靡情绪肆意滋长，把许多稍纵即逝的机会给白白浪费了。

一个人心情抑郁，整天愁眉苦脸地面对生活，不管做什么事情都不积极，甚至错误百出，那么自我价值就会实现得越来越少，自我否定的因素就会增加，这样也就使心情更加地消极抑郁，悲观失望，形成一个恶性循环。

相反，一个人的心情乐观开朗，那么他在这段时间里做事可能是很积极的，不管是在工作中还是在生活上，都能很好地完成任务，因此这类人在这段时间里自我价值的实现也就相对比较多，自我价值实现得越多，自我肯定的成就感也就越多，这样就越能拥有一个好的心情，形成一个良性循环。

有一位哲人曾经说过：“一个人的心态就是一个人真正的主人，要么你去驾驭生命，要么是生命驾驭你，而你的心态将决定谁是坐骑，谁是骑师。”

罗杰·罗尔斯是美国纽约州历史上第一位黑人州长，在他的身上，就完全体现了掌控自己心情的重要性。他出生在纽约当时一个环境肮脏、充满暴力、偷渡者和流浪汉聚集的地方，人称“大沙头贫民窟”。据说，在那里出生的孩子由于耳濡目染，并没有几个在长大后能从事体面职业的，因为他们从小就学会了逃学、打架，甚至偷窃、吸毒。然而，同样在如此恶劣环境下成长起来的罗杰·罗尔斯，后来却成为了纽约州的州长。他的人生转折点究竟在哪里呢？这还要感谢他上学时所在学校的董事兼校长皮尔·保罗先生。

当年，皮尔·保罗校长发现，这些孩子甚至比当时最为流行的“迷茫的一代”还要无所事事，他们上课不与老师合作，经常不去上课，每天除了打架就是和老师作对，甚至还会砸烂教室里的黑板。皮尔·保罗尝试了好多办法去改变这种现状，却始终无济于事，不过校长在一段时间的接触后发现，这些孩子都有一个共同的特点，那就是非常迷信，只要是有关于迷信这方面的东西，他们都会深信不疑。于是，皮尔·保罗抓住了这一点，在他上课的时候给学生们看手相，并用这个办法来引导学生。

终于轮到罗杰·罗尔斯了，当他把自己脏脏的小手递给校长的时候，校长很兴奋地拉着罗杰·罗尔斯的手说："一看你修长的小拇指我就知道，将来你会是纽约州的州长！"罗杰·罗尔斯惊呆了，从出生到现在，还没有谁给过他如此高的评价，唯一的一次是他奶奶说他将来能当一名船长。

于是，在以后的生活里，小罗尔斯的心情开朗了许多，对生活也充满了希望。他的衣服不再沾满泥土，说话不再夹带污言秽语，甚至在走路的时候也有意无意地挺直了腰杆，始终以一个纽约州未来州长的身份来要求自己。

功夫不负有心人。在51岁那一年，罗杰·罗尔斯成功当选为纽约州第一位黑人州长。在他的名言里，有这样一句话："心情是不值钱的，但是一个乐观、积极、向上的心情却是非常有价值的。积极乐观的心态可以实现更多的自我价值，消极悲观的心态则会妨碍自我价值的实现。"

难怪有人说，积极乐观的心态是创造人生，而消极悲观的心态则是消耗人生；积极乐观的心态是成功的源泉，是生命的阳光和温暖，而消极悲观的心态是失败的开始，是生命的无形杀手。所以切记，当你改变不了环境时，一定要学会转换心情，因为你当下拥有什么样的心情，世界就会向你呈现什么样的颜色，你就会获得痛苦或者快乐。

## 生活感悟

如果不能改变环境，就要学会改变自己。改变自己最容易和最有效的方法是改变自己的心情。环境与遭遇有时是无法改变的，但我们的心情可以改变。经历过什么样的事并不重要，重要的是如何看待这些事。假如换不了环境，换换心情也能让自己立马快乐起来。什么样糟糕的环境都影响不了你的好心情，你才是真正拥有了"刚刚好的心情"。

# 你的美好，由乐观谱就

如果怀着愉快的心情谈起悲伤的事情，悲伤就会烟消云散。

——苏联著名作家、诗人 高尔基

从前有个老太太，整天哭哭啼啼的。有位禅师看见了，便问她：“老人家，你为何整天哭啊？”老太太说：“我有两个女儿，嫁人后都是靠做小买卖为生的，大女儿卖布鞋，小女儿卖雨伞。因为雨天没人买鞋，晴天没人买伞，这老天爷非晴即雨，又怎能不叫我无时无刻不担忧，无日无夜不落泪呢？”

禅师得释了事情原委后，哈哈大笑，说：“老人家错矣！雨天没人买鞋，却有很多人正好会买伞啊；晴天没人买伞，却正好有很多人要买鞋啊，换一个角度去看，你老人家每天都有一个女儿生意兴隆，这应该是天大的幸福事啊，为什么反而要天天落泪，天天忧愁呢？”老太太听后，破涕为笑。

你的世界，既可以由悲观和忧虑占据，也可以用乐观和积极谱就。前者会让你整天抱怨、叹气，甚至落泪，后者则让你每天都活得快乐、幸福、心情好。

有个农夫家境贫寒，拥有的全部东西分别是一副碗筷、一张桌子、一张床。生活过得虽然清贫却非常快乐。有一天，一个忧郁的富人来到了农夫的家门口，看到这个贫穷的农夫竟然活得很开心，非常不解，就问农夫：“你家里一无所有，你为何还能如此乐观，这么开心？”农夫笑着答道：“一无所有也就意味着一无所失，所以我没有悲观忧愁的理由！”

富人顿悟：自己正是因为拥有了太多而整天害怕失去，因此生活过得并不快乐。即便是再富有，心里仍然是一片空虚，心里的空虚迫使自己更加努力地搜罗财产。这个富人受到启发以后，变卖了家里所有的财产，把它分给了穷人，自己则在乡下买了一块地，过起了“一无所有”的生活，欢乐也从那时起充满了他的生活。

我们并非提倡大家都去过“一无所有”的生活，而是建议大家放下悲观，凡事都往积极乐观的角度去看。当你能够放下观悲，放下消极，放下一切杞人忧天，快乐便不请自来，你就能天天拥有好心情。

生活是一道大餐，充满着酸甜苦辣各种味道，吃什么都是你自己的选择，没有人能强行往你的嘴里塞东西。选择什么你就得到什么。选择积极得到开心，选择忧虑得到糟糕，选择悲观得到痛苦，选择乐观得到美好。

如果你寻找快乐，你就会寻找快乐的地方；如果你寻找痛苦，你就会寻找痛苦的理由。 一个悲观的人，会从好事情中寻找不快乐；一个乐观的人，会从坏事情中寻找积极的一面，从而得到快乐。如果你说自己是个倒霉蛋，你会找到无数的事实证明你绝对是个倒霉蛋。如果你认为自己是幸运儿，你会找到足够的事实证明你就是个幸运儿。

这归根到底是心态的问题。有什么样的心态就有什么样的生活。何谓“心态”？心态是我们应对各种人生遭遇时的态度，当你面对挫折、困难和胜利、成就时态度是怎样的？乐观的心态有助于成功，悲观的心态将毁灭自己。

如果你是正确的，你的世界就是正确的；如果你是乐观的，你的世界就是美好的。知识未必可以创造价值，乐观的心态却可以让你成为驾驭知识的优胜者。古时候，有甲、乙两个举子去京城赶考，在路上遇到了一口棺材。甲悲观地说，真倒霉，碰上了棺材，这次考试死定了。乙乐观地说，棺材，升官发财，看来我的运气来了，这次一定能考上。有了不同的心理暗示的作用，所以当他们答题的时候，努力的程度就不一样了。结果，乙高中进士。回家后，甲乙二人都分别跟自己的夫人说，那口棺材可真灵啊。

你的美好，由乐观谱就；你的心情，由自己决定。凡事多向积极的方面看，放下悲观，培养起乐观的心态，才能更容易成就你自己，更多地品尝到快乐、幸福的滋味。只要你总能做到“得之不过喜，失之不过悲”，你就一定会总是拥有刚刚好的好心情。

## 生活感悟

你的坏心情，由悲观造成；你的美好，由乐观谱就。心态影响人的能力，能力影响人的命运。生命的质量取决于你每天的心态，如果你能保证眼下心情好，就能保证今天一天心情好，如果你能保证每天心情好，就会获得很好的生命质量，体验到亮丽的人生。所以，一定要学会让自己每天都拥有好心情。

# CHAPTER 5

# 活好当下，最不遗憾

在这贪心的世界里，我只要刚刚好的活法。什么是“刚刚好的活法”？就是活在当下，随遇而安，懂得当下你拥有的一切，遭遇的一切，都是上天给你的最好的安排。人生应该是什么样子的？人生从来没有应该的样子。人生只有你走过的路，吃过的食物，爱过的人，看过的风景……人生在一点一滴地流逝着，也在一点一滴地累积着。最好的人生不是昨天不是明天，而是今天，是当下。是的，现在这样就刚刚好，最平凡又最珍贵。我们无须缅怀昨天，不必奢望明天，认真过好每个当下，不挥霍，不虚度，就是刚刚好的活法，就是最不遗憾的活法。

# 别让一时的坏情绪，坏了一天的美好时光

> 吃饭的时候吃饭，睡觉的时候睡觉，这就是禅。
> ——大珠禅师

有个人被老虎追赶，只好拼命地往前跑。他跑啊跑，结果一不小心就掉下了悬崖。幸而，在往下掉时，他眼疾手快地抓住了一根藤条，才没有摔到悬崖底下，而是悬挂在了空中。心神稍定之后，他抬头往上看，发现老虎正在上面盯着他；他往下看，看到了万丈深渊；他往中间看，发现藤条旁有一颗熟透了的草莓。

现在，他有爬上去被老虎吃掉、掉下悬崖摔得粉身碎骨、悬挂在空中等死和吃掉草莓这四种选择。他做了哪一个选择呢？他把草莓摘下来，微笑着吃掉了。

什么是“活在当下”？这种在悬崖上吃草莓的心态，就是活在当下。他现在能够把握的只有这颗草莓，所以他便把它摘下来吃掉了。这时可能有人会说，他马上就要死了，还吃个什么劲儿啊？但是，他当下还没有死，而且机会往往是在动态中出现的，很可能过一会儿老虎就走了，这样他就可以爬上去了。

交通拥挤的十字路口经常会发生这样的事情——整个路面都成了车的海洋，不耐烦的司机在里面使劲儿地按着喇叭并撕心裂肺地叫喊着，眼看着整个交通就要陷入瘫痪状态，这个时候，交警的身影出现了，他一阵比划，该停的停，该转的转，该走的走，这种糟糕的场面很快就得到了控制。

我们的心情有时候也会像这个杂乱的交通一样，各种乱七八糟的情绪一起涌上心头，让人觉得心烦，头痛不已。这个时候，我们也需要一个心灵警察，给这些情绪一个疏导的机会，实现合理的情绪释放。其实心灵警察一直就存在，只是被你忽视了。在哪里？他就是——活在当下。当你能活在当下，就能从坏心情的束缚中解脱出来，从烦恼的死胡同中走出来。当你能活在当下，你才是选择了最好的活法儿。

大珠禅师带着一个小和尚在山上修道。小和尚跟着大珠禅师修道已经好几年了，

常常听到大家口中说“禅”这个字，却从来没有人告诉过小和尚究竟什么是“禅”。

有一次，小和尚在与大珠禅师吃饭的时候，终于忍不住问大珠禅师：“师父！你们不是常常说禅吗？到底什么是禅啊？”

大珠禅师停下手中的筷子，冷冷地看了小和尚一眼，并没有说什么。

到了晚上睡觉时，小和尚又忍不住问大珠禅师：“师父，你快告诉我，到底什么是禅啊？”

这次大珠禅师有动作了，他轻轻地用手敲了敲小和尚的头，然后闭着眼睛对小和尚说：“吃饭的时候吃饭，睡觉的时候睡觉，这就是禅。”

小和尚问道：“这算什么与众不同的地方，每个人都是这样的，有什么区别呢？”

大珠禅师答：“当然不一样！”

“哪里不一样呢？”

大珠禅师答：“他们吃饭总是想着别的事情，不专心吃饭；他们睡觉时总是做梦，睡不安稳。而我吃饭就是吃饭，什么也不想；我睡觉时从来不做梦，所以睡得安稳。”

吃饭、睡觉是人与生俱来的本能，本来是极简单、极快乐的事，可是今天究竟有多少人能快快乐乐地吃饭，安安静静地睡觉呢？又有多少人总是纠结于令自己不开心的事情，沉浸其中左思右想，吃饭时索然无味，睡觉时辗转反侧，整天精神恍惚、心力交瘁呢？这样的生活，怎么可能会让人感到快乐呢？可见，活在当下看似容易，其实很不容易做到。

有一次，凯·本从偏远的农村搭车到城市。车到途中忽然坏了，需要有人前来送一个零件才能修好。那时正值夏季，午后的天气闷热难当，这着实让人着急。凯·本询问司机，得知零件要两个小时才能送到，瞬间整个人就没精打采了，憋了一肚子的火。司机倒是很耐心地安慰凯·本，并建议道附近有一条小河，不妨去享受一番，“如果因为这件事情让余下的一整天都不开心，就太不值当了。”

凯·本听了司机的建议，那就将既发生的事情暂且放到一边吧，他抛弃了闷闷不乐的憋屈，抛弃了需要等待两个小时的不悦，跟着司机来到了河边。河边清静凉爽，风景宜人，凯·本和司机在河中畅游了一番之后，感到浑身的暑气全消、心清气爽，之后他躺在一片树荫下，迎着和煦的风，看着蔚蓝的天，听着婉转的鸟鸣，觉得此刻美妙极了。最后，他又美美地睡了一觉。

两个小时后，有人送来了汽车零件。等车子修好时，已经将近黄昏。凯·本继续搭上车，迎着黄昏凉爽的风，直向城中驶去。尽管耽误了半天时间，但凯·本逢人便说："这是我平生最美妙、最愉快的一次旅行！"

在汽车抛锚又不能及早修好的情形下，凯·本可以顶着烈日，气恼地抱怨，然后一直在苦恼中度过；也可以将这件坏事暂且放到一边，然后利用等待的时间安心地在河边享受一番，将这次旅行变成最愉快的一次。哪一种处理方式更好，相信每个人都心中有数。

每个人都想时刻拥有好心情，但并不是每个人都能拥有。无论遇到什么样的事情，都请活在当下吧。怎样活在当下呢？放下之前压在你心头的沉重包袱，抛开那些给自己造成困扰的想法，还自己一个清醒的头脑，尽快从坏心情中解脱出来。

当你能真正做到活在当下时，你一定会发现，老天爷给我们的任何安排，都是刚刚好的安排，都能让我们体味到更多的快乐。

## 生活感悟

情绪和我们每时每刻都密不可分。许多人为坏情绪所困扰，只是因为我们太把坏情绪当回事了。和自己的坏情绪共处的最好方法就是先放过那个让你升起坏情绪的人或事，活好当下的每一分每一秒，不要让一时的坏情绪，坏了我们一整天的美好时光。

# 人生最好的时光就是宝贵的现在

> 昨天不能唤回来，明天还不确实，而确有把握的就是今天。
>
> ——哈佛大学哲学教授 耶曼逊

汉宣帝继位之初，下诏想把祭祀汉武帝的“庙乐”升格，不料遭到了光禄大夫夏侯胜的反对，一些早就想借机整他的大臣抓住机会，上奏弹劾他“大逆不道”，顺便将不肯在奏章上签名的丞相长史黄霸也以“不举劾”的罪名给捎带上了。两个人就这样被下了大狱，等待被处死。

夏侯胜性情耿直，是当世精通《尚书》的大儒，受此劫难，总感觉人生无常，乃至郁郁寡欢。更冤的黄霸则生性乐观，久慕夏侯胜大名，只是一直无缘相识，这次机会实在难得，于是就想：“自己身为官吏，却没有深入研读过经书，原来天天忙工作没有时间，现在时间也有了，而良师就近在眼前，为什么不赶紧补上这一课呢？”

黄霸将自己的心意告诉了夏侯胜，夏侯胜一方面很欣慰有人仰慕自己，另一方面却觉得都是将死之人了，读经还有什么用呢？但黄霸不这么想，他认为：“孔子有言：‘朝闻道，夕死可矣。’人应该活在当下，抓住现在，学有所得，心有所悟。今天就是快乐的，何必管虚无缥缈的过去和明天呢？”

闻听此言，夏侯胜精神为之一震。从此两个人席地而坐，每天夏侯胜都悉心向黄霸传授《尚书》。黄霸尽心听讲，认真品读，不通之处相互切磋。日复一日，二人皆感津津有味，研读到精妙处，还抚掌大笑。由于一心向学，心无阻碍，每天都过得很充实，甚至是忘我。两个冬天过去了，他们也没有感到时间的漫长，反倒是学问研究得愈加精到，思想有了巨大长进，认识提高了极多。

不知不觉两年过去了，汉宣帝大赦天下，夏侯胜被任命为议谏大夫，黄霸为扬州刺史。后来，夏侯胜以正直博学做了太子的老师，九十岁逝世。为谢师恩，太子为他穿了五天素服，天下儒生都引以为荣。黄霸则以精明干练、政绩卓著名扬天下，后来官至丞相。史书评价他说，自汉朝建立以来，才能卓异的丞相很多，但说到治理百姓，则“以霸为首”。

很明显，牢狱之灾是二人人生的转折点。此前他们是高高在上的士大夫，此后依然高高在上，看似没有多大变化，但要知道从波峰到波谷，再到波峰，则几乎是一个轮回，需要很大的助力才能实现。对夏侯胜、黄霸两人来说，这个助力就是抓住现在的一分一秒努力地学习，从而使得自己抵御住了屈辱、孤独、时间的侵袭和煎熬，把当下的每一分每一秒都活得很充实，令生命有了最实实在在的意义。

人生不是徘徊，不是等待，人生最好的时光就是宝贵的现在。现在你遭遇到的一切，都是命运给你的刚刚好的安排。

科学家发现，人们会用一半时间做白日梦、畅想未来、打捞过去的岁月。这些占用了一天时间的 46.9% 的“神游太虚”，令有限的精力被无端地浪费，大好的时光被白白地流逝，甚为可惜。

其实生命很短暂，短得只有区区一天，那就是“今天”。“昨天”属于记忆，好也罢，不好也罢，反正都已经过去，不能挽回，也无法更改；“明天”属于幻想，好也罢，不好也罢，反正还没有到来，不能预知，也无法预定。我们能切切实实做好的，就是充分利用每一个“今天”，不让“今天”的每分每秒虚度。

事实上，仅仅只有一天的“当下”也并不是静止不动或是缓慢移动的，而是飞逝不停的。据美国人司徒森多收集的 3500 种有关过程和现象的时间数据表明：基本粒子——中介子的寿命为 0.000002 秒；宇宙飞船飞往月球的途中，每飞 1 公里需要 0.1 秒；月光到达地球的时间是 1.25 秒。在每个人的生命之河里，都泛着分分秒秒光阴的波浪，它们稍纵即逝，却又“法力无边”。

而“今天”的一分一秒也在这飞逝中被裹挟而去，正如朱自清在《匆匆》里所描述的：“洗手的时候，日子从水盆里过去；吃饭的时候，日子从饭碗里过去；默默时，便从凝然的双眼前过去……”，前一秒是过去，下一秒就是未来，今天连接着昨天和明天，所以认真地活好当下的每一天，好好把握“今天”的每分每秒，才能创造属于自己的生命辉煌，不让人生留下遗憾。

享誉世界的书画家齐白石先生，90 多岁仍然坚持每天作画，“不叫一日闲过”。有一次，齐白石过生日，他是一代宗师，学生、朋友非常多，人们纷纷前来祝寿，结果齐府从早到晚客人不断，先生这一天根本没时间作画。第二天一大早先生就起来了，顾不上吃饭便走进画室，一张又一张地画起来，连画了5张，完成了自己规定的今天的“作业”。在家人反复催促下，他才去吃饭，而后又继续画了起来。

家人不解地问：“您已经画了5张，怎么又画上了？”

“昨天生日，客人多，我没有时间作画，今天多画几张，以补昨天的‘闪过’呀。”说完，齐白石又认真地画了起来。齐白石先生就是这样抓紧每一个“今天”的，也正因为这样，才有了他充实而光辉的一生。

活在世俗中的我们，不可能完全杜绝其他因素对我们的搅扰，有时候我们会因为种种琐事而浪费掉了自己珍贵的时间。但是，若能懂得及时补救，亦不失为一个挽回的好方法。就像齐白石先生一样，利用今天的每分每秒多画几幅画，抓紧它，珍惜它，它就会变得很有意义，这也是每一个人对待生命应该持有的态度。

知道补救的人因为能够明确感知时间像血液从血管里流出一般，一滴一滴坠落消失，难以忍受时光消逝折磨的残忍，他们才不忍心让每一分每一秒都白白流过。他们会抛却过去，屏蔽未来，只让思想关注现在，用全身心的力量全力以赴于正在做的事情。

这，才能说自己利用好了时间，活好了每一个当下。这，才是真正懂得了“刚刚好的活法”，明白了如何去珍惜自己的拥有。这，才是活出了最少遗憾的生命。

## 生活感悟

时间是由无数个“当下”串联在一起的，每一个瞬间、每一个当下都将是永恒。用好每个“今天”，不浪费每分每秒，没有过去拖在后面，也没有未来拉着往前时，生命全部的能量都集中在这一刻，生命也就具有了一种巨大的张力，喜悦的心情不被其他事情束缚，这就是刚刚好的幸福，这就是最不遗憾的活法儿。

# 人世间最重要的是你此刻正拥有的

> 我们对自己已经拥有的东西很难得去想它，但对所缺乏的东西却总是念念不忘，这是我们不快乐的根源。
>
> ——德国著名作家 亚瑟·叔本华

有个樵夫每天上山砍柴，日复一日，过着平凡的日子。有一天，樵夫跟往常一样上山砍柴，在路上捡到了一只受伤的银鸟。银鸟全身包裹着闪闪发光的银色羽毛，樵夫欣喜地说：“啊！我一辈子都从来没有看到过这么漂亮的鸟！”于是，樵夫把银鸟带回了家，用心地替银鸟疗伤。

银鸟在疗伤的日子里，每天唱歌给樵夫听，使樵夫过着快乐的日子。

有一天，邻居看到了樵夫的银鸟，便骗樵夫说，他曾看到过金鸟，金鸟要比银鸟漂亮千倍，而且，歌也唱得比银鸟更好听。樵夫无限联想，原来还有金鸟啊！从此樵夫便每天只想着金鸟，而不再仔细地聆听银鸟清脆的歌声了，他总是想着金鸟肯定比银鸟美多了，他的内心也因此越来越不快乐。

渐渐地，银鸟的伤已经康复，准备离去。银鸟飞到樵夫的身旁，要最后一次唱歌给樵夫听，并表示如果樵夫舍不得的话，它就会留下来，一直陪伴在樵夫左右。樵夫听完，没有挽留银鸟，而是很感慨地说：“你的歌声虽然好听，但是比不上金鸟；你的羽毛虽然很漂亮，但是比不上金鸟的美丽。”

银鸟唱完歌，在樵夫身旁绕了三圈后便辞行告别，向着金黄的夕阳飞去了。樵夫望着银鸟，突然发现银鸟在夕阳的照射下，变成了美丽的金鸟。原来，他梦寐以求的金鸟，就是自己已然拥有的银鸟。只是金鸟已经飞走了，飞得远远的，再也不会回来了。直到这时，樵夫才后悔莫及。

生活中不少人总是认为得不到的才是最好的，对于那些眼前的和已经拥有的总是不屑一顾，结果常常在不知不觉中便成了这个樵夫，一旦失去后才恍然大悟，原来自己曾经拥有的是那么的珍贵，幸福曾经是那么的触手可及。只是，当我们意识到应该珍惜时，幸福已悄悄溜走了。

懂得珍惜，才会拥有。在这个世界上最重要的东西，它既不是你失去的，也不是你没有得到的，而是你此刻正拥有的。当下拥有的才是无价的，好好珍惜已拥有的东西吧，这样才能真切地感受到刚刚好的幸福。

出生时由于医生的疏失，台湾的黄美廉女士脑部神经受到了严重的伤害，自幼就患上了脑性麻痹症，以致颜面、四肢肌肉都失去正常作用。她不能说话，嘴还向一边扭曲，口水也不能止住地流下。但是，黄美廉女士却快乐地用手当画笔，画出了美国加州大学艺术博士的学位，也画出了自己生命的灿烂。

黄美廉的成就，就是一般正常人都很难达到，更何况她是一位重度的脑性麻痹患者。而且她看起来还始终都那么快乐，她有什么秘诀呢？黄美廉到处办自己的画展，现身说法，告诉了人们。

一次演讲会上，有个学生直言不讳地问她："请问黄博士，您为什么这么快乐呢？您从小身有残疾，您是怎么看待自己的，有没有过别样的想法？"对一位身有残疾的女士来说，这个问题是那样的尖锐而苛刻，但黄美廉朝着这位学生笑了笑，转身用粉笔在黑板上写下一句话：我怎么看自己？写完后，黄美廉回头冲在场的学生们笑了一下，接着又在黑板上龙飞凤舞地写出了自己对问题的答案：

一、上帝很疼爱我！

二、我很可爱！

三、我会画画、会写稿！

四、我的腿很美很长！

五、爸爸妈妈好爱我！

六、我有只可爱的猫！

七、还有……

黄美廉一下子写出了几十条让她热爱生活的理由，并且，是热爱得那样的理直气壮。接着，她又在黑板上郑重地写下了她的那句名言："我只看我所拥有的，不看我所没有的。"笑容从她的嘴角荡漾开来，一种淡然、傲然的神情溢满了她的脸。台下安静了几秒后，响起了雷鸣般的掌声。

在旁人看来，黄美廉是那么不幸的一个人，为什么她却一点儿也没觉得自己不幸呢？一句话可以解开其中的奥秘——“我只看我所拥有的，不看我所没有的。”正因为她从来不抱怨自己没有的，只关注自己所拥有的，所以才真真切切地感受到了生活中的快乐，才不受外界干扰，只干自己的事，进而取得了显著的成就。

这启示我们，当向往别人的美好时，更要懂得珍惜你如今拥有的。幸福是属于自己的事儿，从来都是好端端地在那里，不增也不减，需要自己切实用心去感受。所谓拥“有”，是有限有量；所谓空“无”，是无穷无尽。如能以“有”的胸怀来消除“无”的狭隘，懂得“珍惜才能领悟生命的奥秘，才能真正拥有你想要的”的道理，也就已经拥有了真正美好的东西。

## 生活感悟

这个世界上最珍贵的是已拥有，不要在属于你的时候不去珍惜，而在失去的时候才觉得珍贵，更不要这山望着那山高。好好算算上天给你的恩典吧，接受自己所拥有的，且善待它，珍惜它，内心将变得豁达开朗，日子将变得悠然平静。学会了珍惜，你就会发现，你此刻所拥有的一切不多也不少，刚刚好。

# 要登顶伟大的山峰，先走好当下的每一步

不管做人也好，做事也罢，一定要脚踏实地，不要好高骛远。

——佚名

有个二十几岁的年轻人，毕业于名牌大学，能言善辩、才华横溢。在某公司的招聘专场上，他给公司老板留下了极其深刻的印象。当时他应聘的职位是销售总监，见多识广的老板也被他的雄心壮志吓了一跳：一个初出茅庐的年轻人居然敢应聘这么高的职位，是真有过人之才还是太狂妄？在接下来的一个小时里，年轻人侃侃而谈，讲述了自己对工作的种种构想，听得老板连连点头。

最终，年轻人被录用了，但老板让他先到销售部担任助理的工作，先到基层锻炼一下，再慢慢提升，其实这也是对他的一个锻炼。可惜年轻人并未能体会到老板的良苦用心，反而觉得让自己去当助理简直是大材小用，自己这种决策型的人才被白白浪费了。因此，对于分给他的“小事”根本就不曾用心去做；实用的知识、技能他也不看在眼里。他整天想着的是，自己什么时候才能坐上销售总监的位置。

就这样过了三个月。一天，老板给了年轻人一次表现的机会，让他全权负责组织一场促销活动。年轻人觉得这只是小菜一碟，马上就开始组织。没想到看花容易绣花难，他不知道怎样去培训促销员，不知道怎样去和商场沟通，不知道怎样去布置会场，不知道……结果可想而知——由于把促销活动搞砸了，并且真实表现远远达不到公司的要求，所以年轻人很快就被公司辞退了。

一个习惯于好高骛远、从来不知道脚踏实地做事的人，是没有未来可言的。在现实生活中，有些人总是有着很高的梦想，盯着很遥远的目标，却又无法脚踏实地地去走好脚下的每一步路。他们眼高手低，小事瞧不起，也不愿意去做，大部分时间都沉浸在自己宏伟的梦想之中，结果自然是做不出什么成就。最终，他们曾经的雄心壮志往往都会成为人们茶余饭后的笑料，而当初的理想，也最终化作了一缕清风，无处寻觅。

理想和目标，只有在当下的每一天每一小时每一分每一秒的时间里去脚踏实地的落实，才有意义。如何落实呢？一项大目标是由很多小目标组成的，很多的小目标汇集在一起就是一个大目标。实现一个大目标，实际上就是去做那些小事情，只有把小事情做好了，实现了小目标，通过一点一滴的积累，才能最终实现大目标。古人所说的“不积跬步，无以至千里；不积小流，无以成江海”，说的正是这个道理。

远大的理想、崇高的目标，这是十分美好的东西，是每个人都应该拥有的，是很能激励我们前行的力量。但是，理想如果不能在当下落到实处，就会变成空想；目标如果不从当下开始，一步步靠近，就只能是幻想。

尹梦是一名音乐系的大三学生，她给自己制定了一个目标：成为一名出色的音乐家。但是她在音乐方面的发展不顺遂，这使得她一会儿雄心万丈，一会儿随波逐流，想了许多办法都没能摆脱这种困扰。“唉，为什么我不能成为音乐家？”“成为一名音乐家就那么难吗？”尹梦将自己的迷茫倾诉给了自己的大学辅导员老师。

“想象你五年后在做什么？”老师突然冒出了这样一句话，“别急，你先仔细想想，完全想好了，确定了后，再说出来。”

沉思了几分钟后，尹梦回答道：“五年后，我希望能有一张唱片在市场上，而这张唱片很受欢迎，可以得到许多人的肯定。”

“好，既然你确定了，我们就把这个目标倒算回来”，老师继续说道，“如果第五年你有一张唱片在市场上，那么你的第四年一定是要跟一家唱片公司签上合约，那么你的第三年一定是要有一个能够证明自己实力、说服唱片公司的完整作品，那么你的第二年一定要有很棒的作品开始录音了，那么你的第一年就一定要把你所有要准备录音的作品全部编好曲，那么你的第六个月就是筛选准备录音的作品，那么你的第一个月就是要把目前这几首曲子完工。那么，你的第一个星期就是要先列出一整个清单，排出哪些曲子需要修改，哪些需要完工，对不对？”

“不要去看远处模糊的东西，而要动手做眼前清楚的事情。把手头上的事情做好，始终如一，你就会实现你所想的东西。”老师意味深长地说。

听了老师的话，尹梦醍醐灌顶，感觉自己的人生焕然一新。自此，她脱离了那种虚无缥缈的期盼，接下来的一个星期她列出了一整个清单，然后开始全身心地投入到每一件事情的落实上去。无论手头上的事是多么的不起眼，多么的烦琐，她都要认认真真地去做。她一步一步地开始实现自己的目标。五年后，她的唱片大卖，她真的成了一名出色的音乐家。

好高骛远，凡事总想一蹴而就，这不但违反了自然规律，还会使自己经常陷入到失望之中，不断加重自己的挫折感。当我们总是盯着自己的目标却又不知道该怎么做的时候，不妨看一看自己的当下，尽快以立足的地方为起点，踏踏实实地去走好当下的每一步。当下的我们，每走一步，其实都是在缩短成功的距离。只要当下的每一步都做好了，我们的梦想，终将会成为现实。

踏实走好当下的每一步，听起来好像没有冲天的气魄、没有诱人的硕果、没有轰动的声势，可细细琢磨一下：一步一个脚印，不需要付出多大的代价，只需要努力就可以达到目标。心里踏实，步履稳健，迎接明天的太阳就不会心虚，于是，在不动声色中就能创造出一个震撼人心的奇迹。

美国男子篮球职业联盟（简称 NBA）洛杉矶湖人队的老板以年薪 120 万美金聘请了一位教练，他们希望教练能够通过高明的训练方法，帮助队员们提升战绩。但是，教练来到球队之后，却没有什么独特的训练方法，而是对球员们这样说道："我的训练方法和上一任教练的一样，但是我只有一个要求，你们可不可以每天罚篮进步一点点，传球进步一点点，抢断进步一点点，篮板进步一点点，远投进步一点点，每个方面都能进步一点点呢？"

天啊！这是什么训练方法，老板在心里偷偷捏了一把汗。不过，他很快就改变了自己的态度，他不得不佩服起教练来。因为在新赛季里，湖人队勇夺了 NBA 总冠军。对于自己的战果，教练总结说，因为 12 个球员（注：每个篮球职业队每场比赛前的报名人数是运动员 12 人，其中主力 5 人，替补 7 人。）每一天在 5 个技术环节中分别进步 1%，所以一个球员进步 5%，而全队进步了 60%。这个赛季以来，他们每天坚持进步一点点，半年以后，可想而知他们的进步有多大！

积跬步以至千里，积小流以成江海。没有漫长的量的积累，怎么可能有质的飞跃？在英国古老的建筑物威斯敏斯特教堂旁边，矗立着一块墓碑，上面刻着一段著名的话：

"当我年轻的时候，我梦想改变这个世界；当我成熟以后，我发现我不能改变这个世界，我将目光缩短了些，决定只改变我的国家；当我进入暮年以后，我发现我不能够改变我们的国家，我的最后的愿望仅仅是改变一下我的家庭，但是，这也不可能。当我现在躺在床上，行将就木时，我突然意识到：如果一开始我仅仅去改变我自己，然后，我可能改变我的家庭；在家人的帮助和鼓励下，我可能为国家做一些事情；然后，谁知道呢？我想，我甚至可能改变这个世界。”

活在当下，从当下开始，做好每一件应该做的事，我们就能一步一步实现我们的小目标。当小目标累积起来，到了一定时候，就会是大目标的实现。所有大目标的实现，累积起来，就是伟大的出现。所以，请活好当下的每一天每一小时每一分每一秒，因为伟大从这里开始。

## 生活感悟

我们开车行驶在黑夜里的时候，我们的目标是目的地，计划是路线，车轮压过的每一寸地面是努力。最终我们一定会到达目的地，对吧？究其过程，我们的目标在哪里？在心里，黑夜中你看不到目标；计划在哪里？在纸（地图）上；努力在哪里？在安全走好当下的每一步上，结果就是我们会成功到达目的地。

# 人的一生都是在苦难中颠簸着前行

> 燧石受到的敲打越厉害，发出的光就越灿烂。
> ——德国思想家 卡尔·马克思

有座泥像看着过往的人群，产生了无比的羡慕，于是向佛陀呼救：“请让我变成人吧！”

“你要想变成人也可以，但你必须先跟我试走一下人生之路。假如你承受不了人生的痛苦，我将马上把你还原。”佛陀说完，手臂一挥，泥像真的变成了一个青年。

青年跟随佛陀来到悬崖边。只见两座悬崖遥遥相对，此崖为“生”，彼崖为“死”，中间由一条长长的铁索桥连接着。这座铁索桥由一个个大小不一的铁环串联而成。

“现在，请你从此岸走向彼岸吧！”

青年于是战战兢兢地踩着一个个大小不同的链环边缘前行。然而，一不小心，他便跌进了一个链环之中，两腿顿时失去了支撑，胸口被链环卡得紧紧的，几乎透不过气来。青年大声呼救：“快救命啊！”

“请君自救吧。在这条路上，能够救你的，只有你自己。”佛陀在前方微笑着说。

青年扭动身躯，拼死挣扎，好不容易才从痛苦之环中解脱了出来。“你是个什么链环，为何卡得我如此痛苦？”青年愤然道。

“我是名利之环。”脚下的链环答道。

青年继续朝前走。忽然，隐约间，一个绝色美女朝青年嫣然一笑，青年飘飘然，一走神，脚下一滑，又跌入到了一个环中。青年惊恐地再次呼救：“救……救命啊！”

这时佛陀再次在前方出现，说道：“在这条路上，没有人可以救你，只有你自己自救。”

青年拼尽全力，总算从这个环中挣扎了出来，然而这时他已累得精疲力竭，便坐在两个链环间边休息边想：“刚才这是个什么痛苦之环呢？”

“我是美色之环。”脚下的链环答道。

接下来，青年又掉进了贪欲的链环、妒忌的链环、仇恨的链环……等他从这些痛苦之环中挣扎出来时，已经没有勇气再走下去了。

于是，佛陀对他说："人生虽然有许多痛苦，但也有战胜痛苦后的轻松和欢乐，你难道真的愿意放弃人生吗？"佛陀问道。

"人生之路痛苦太多，欢乐和愉快太短暂了，我还是去做泥像吧！"青年毫不犹豫地回答道。

佛陀长袖一挥，青年又还原为了一尊泥像。不久后，泥像被一场大雨冲成了一堆烂泥。

每个人都希望一生可以一帆风顺，但在人生旅程中，苦难根本不可避免。面对苦难，是逃避还是承受？泥像变成的青年选择了逃避，他不懂得人生旅途中苦难是难以避免的，而且经历过苦难才能拥有轻松、快乐、美好。也正因为这种逃避，他又还原为了一尊泥像，被一场大雨冲成了一堆烂泥，真是可悲可叹。

正如硬币的两面，快乐和苦难是相伴而生的，它们经常交替或交织地存在于我们的感受之中。若不想让痛苦一直主宰自己的生活，我们就需要用积极乐观的心态看待苦难，以活在当下的心境去面对苦难，认真对待苦难中的每一天。如此我们才能将之变成自身成长的助推剂、蜕变的催化剂。

寒冬腊月，一个名为"滴水"的和尚去天龙寺拜见仪山禅师。外面下着很大的雪，可是仪山禅师却不让他进门。那个和尚就在门外一直跪着，这一跪就是三天。仪山的弟子看他可怜，纷纷为他求情。可是仪山说："我这里不是收容所，不收留那些没有住处的人！"弟子们没有办法，只好纷纷走开。

到了第四天的时候，那个和尚身上皴裂的地方开始流血，他一次次地倒下又重新起来，但他依然跪在那里，雷打不动。仪山下令弟子："谁也不准开门，否则就将他逐出门外！"

七天后，那个和尚支撑不住，倒了下去。仪山出来试了一下他的鼻子，尚且有一丝呼吸，于是便下令将他扶了进去。滴水终于进了仪山门下参学。

有一天，滴水和尚向仪山禅师问道："无字，与般若有什么分别？"

话刚说完，仪山就一拳打了过来，并大吼道："这个问题岂是你能问的？滚出去！"

滴水被仪山的拳头打得头晕目眩，耳朵里只有仪山的吼声，忽然间，滴水想通了："有与无都是自己的肤浅意识，你看我有，我看我无。"

还有一次，滴水感冒了，用纸擦鼻涕的时候，被仪山看到了，仪山大声喝道："你的鼻子比别人的血汗珍贵？你这不是在糟蹋白纸吗？"滴水便不敢再擦了。

很多人都难以忍受仪山的冷峻，可滴水却说："人间有三种出家人，下等僧利用师门的影响力，发扬光大自己；中等僧欣赏家师的慈悲，步步追随；上等僧在师父的键锤下日益强壮，终于找到自己的天空。"

后来，滴水和尚果然修成正果，成为了一代高僧。

向你挥来的鞭子，常常是要你把头抬得更高，背脊挺得更直。降临到你身上的苦难，常常是上天要把你的心志磨励得更加坚强，成长得更加挺拔。"吃得苦中苦，方为人上人"，不知苦痛，怎能体会到甘甜和快乐？苦难对于一个乐意和迫切成长的人来说，是非常有营养的补品！

学习是苦，得到的知识是甜；思考是"苦中苦"，得到的智慧是"甜上甜"；锻炼是苦，得到的肌肉是甜；静坐是"苦中苦"，得到的内气是"甜上甜"……真正的"人上人"，肯吃"苦中苦"，是会拥有"甜上甜"的人。知道生命的意义、懂得活在当下之重要性的人，即使遇到再多的苦难，也能够承受与坚持。

日本战国时代的著名人物中山鹿之助，每当向神明祈祷，总是说："请给我七难八苦！"对于这位先贤不可思议的祈祷，日本松下电器的创始人松下幸之助分析道："一般人对神明祈祷的内容虽有不同，但大致说起来，不外乎是利益，有些人祈祷幸福，有些人祈祷健康，有些人祈祷幸运，却没有人会祈求神明赐予更多的困难与劳苦。因此，当时的人对鹿之助这种祈求七难八苦的行为，觉得不可思议，这是很自然的。我想，鹿之助祈求七难八苦，用意是想通过种种困境来考验自己，激励自己吧。"

跟中山鹿之助一样，松下幸之助也从来不畏惧艰难困苦，反倒视艰难为生活必不可少的要素，经常主动企盼它的来临，因为他认为，没有与艰难困苦斗争的经历就不是真正的人生。

松下幸之助曾鼓励年轻人说："面对挫折与失败，千万不要失望，更不要抱怨，而要拿出勇气来！当你扎扎实实地坚持向既定的目标前进时，自然就会有办法出现。一个人如果能够抛弃怨念，心无旁骛，专心致志，此时此地，即可聆听到福音自九天而降。我劝大家保持精神的沉静和坚定，不可因一时的小挫折而丧失斗志。如此，世间再也没有什么事情是办不成的了。"

苦难，是成长的助推剂，是前进的发动机。无须对不佳的际遇、一时的坎坷抱怨，甚至痛苦逃避。活在当下，认真去对待每一天，其性也平，其情也安，心怀变得无限大，气度获得高拔升，那么所谓的苦恼、忧愁、离别、痛苦就显得微不足道、可有可无了。敢于吃苦，享受吃苦，最终使心灵得到快乐，使人生绽放光芒！

## 生活感悟

人在经历每一次苦涩的锻炼之后，都会得到进步和升华，正所谓“宝剑锋从磨砺出，梅花香自苦寒来”。不愿吃苦、不能吃苦、不敢吃苦的人，往往要苦一辈子。当你能活在当下的苦难中，忍受一般人忍不了的痛，吃下一般人吃不了的苦，你的人生就将从悲凉走向热烈，从怯弱步向强悍。你终会发现，那些你所遇到的苦，都是老天爷给予你的刚刚好的福。

# 人生旅途的茫茫黑夜里，离不开希望之光

> 希望是黑暗中的火光，使人精神振作；希望是沙漠中的绿洲，使人心旷神怡。
>
> ——中国科学院院士、南京大学教授 陈懿

有个人每年到教堂祈祷的时候，都会对主许愿。有一次，教堂门口的一位老婆婆问这个人：“这么多年，你向主许了很多愿，实现了几个呢？”

这个人说：“第一年，我向主许愿，希望妈妈的病能尽快痊愈，但六个月后，妈妈还是去世了。第二年，我向主许愿，希望我能够在大学入学考试中顺利过关，但一场突如其来的病打碎了我的梦想。第三年，我向主许愿，希望能娶一个漂亮的妻子，但后来我娶的是一个眼睛特小、长相平平的妻子。第四年，我许愿能有一个儿子降生，但妻子生的却是一个女儿。”

老婆婆奇怪地问：“那你为什么每年还来许愿？”

这个人说：“我妈妈虽然去世了，但是比医生的估计多活了三个月，而且终日有人相伴于病榻旁边，她走时很满足；我虽然错过了考期，但后来在一个工程师手下工作，学到了不少宝贵经验；妻子虽然不漂亮，但很聪明，给我出谋定计，是我的得力助手；虽然妻子生了一个女儿，但她乖巧可爱，相信有一天她会找到一个好男人的。”

那人又接着说道：“我每年来许愿，虽然没有一个愿望实现，但每许一个愿，就有一个希望在心中滋生，让我能勾画未来的幸福，每一件不幸的事发生后，我一定会从另外一个好的方面去考虑，所以我才能在不幸福的时候不至于绝望。”

正是由于对这种心情的积极调解，这个人在后来的一次事件中成功地打开了另一扇门。

那天，这个人像往常一样去公司上班，他刚走进办公室，上司就把他叫到另一间屋子，对他说：“实在抱歉，你被公司解聘了。”

“为什么？我犯了什么错误？”这个人不解地问。

“你没犯错误，只是公司近来的效益很不好，董事会决定裁员，仅此而已。”他的上司回答道。

失了业的他并没有因此绝望，他来到街上，看看有没有其他新的工作需要他。他遇到了和他同样命运的一个老朋友——那人也刚刚被公司解雇，此时也在街上寻找新的出路。

于是，两人来到旁边的咖啡店里相互安慰，一起寻求解决的办法。

“公司解聘了我们，为什么我们不去另开一家公司呢？”这个念头像火苗一样，点燃了两个人压抑在心中的激情和梦想。

于是，就在这家咖啡店里，他们策划建立新的家具仓储公司，制定出了“拥有最低价格、最优选择、最好服务”的制胜理念和使这一理念得以成功实践的一套管理制度，紧接着就开始创办公司。

那是1978年的春天。20年后，他们名不见经传的小公司已发展成为今天的拥有775家分店、15万名员工、年销售额达300亿美元的世界500强企业。它，就是闻名全球的美国家居仓储公司，创造了全球零售业发展史上的一个奇迹。这个人，就是目前这家公司董事会的首席执行官伯尼·马库斯。

人生是一次长途旅行，它的美妙之处就是“未知”，你不知道未来会发生什么。但最重要的是，你要活在当下，活好当下的每一天每一小时每一分每一秒，这样才能在未来充分体验到它的美妙。

生活不止一扇门。当一扇门对你关上时，你千万不要把自己关在里面，不妨也对自己许下一个愿，这个愿就是一个幸福的方向，是一种希望。然后在这个希望的推动下，主动去敲开另外一扇门。当你总能活在当下，保有着一种积极的希望时，你的快乐和幸福一定比大多数人都要多，你的遗憾一定会比大多数人都要少。

## 生活感悟

生活中最不能缺少的就是希望，希望是人生的方向，方向是前进的动力，动力是成功的必要条件。在茫茫的黑夜里，如果没有光，我们就无法远行；在人生旅途中遭遇到茫茫黑夜时，想继续前行，也必须要有光。这种光，就是希望。活在当下，活好当下，你就总会保持着前行的希望。

# 轻快地承受必然之事

> 如果一个人能够把他所有的时间都花在以一种很超然、很客观的态度去找寻事实的话，他的忧虑就会在知识的光芒下，消失得无影无踪。
>
> ——美国哥伦比亚学院院长 郝伯特·赫基斯

在纽约市中心办公大楼里有一个开货梯的人。与别人不同的是，他的左手被齐腕砍断了。一天，有人问他：“少了那只手，你会不会觉得难过。”

这个人回答道：“不会，我根本就不会想到它。只有在要穿针引线时，才会想起这件事情来。”

荷兰阿姆斯特丹有一座15世纪的老教堂，它的废墟上留有这样一行字：“事情既然如此，就不会另有他样。对必然之事，且轻快地加以承受。”语句虽然简短，但道理却很深刻——有生之年我们势必会遇到许多不快，它们是我们无法选择也无可逃避的，这时我们只能学会接受它们。接受必然发生的事实，好好把握现在，这是面对任何不幸的第一步。

有一次，欧利·布尔在法国巴黎举行了一场万人瞩目的音乐会。当时欧利·布尔演奏得非常投入，饱含深情，听众们也听得很入神，不料突然发生了意外状况：一首曲子还未演奏完，小提琴上的A弦却断了。小提琴上的A弦断了，演奏还能继续吗？在这种情况下，一般演奏者会停下来，换一把提琴再行演奏，如果不巧找不到一把适用的小提琴，那么这支曲子也就只好到此为止了。

面对突如其来的意外，周围的人异常紧张，他们不知道欧利·布尔该如何“收场”？如果处理得不好，就可能影响到整场音乐会，甚至影响到欧利·布尔日后的音乐生涯。就在“知情人”焦虑和观望的时候，欧利·布尔却丝毫没有在意那根断了的A弦，他从容不迫地继续演奏了下去。当欧利·布尔演奏完毕后，整个音乐厅回响着热烈的掌声。

后来，有记者采访欧利·布尔时问及此事，欧利·布尔淡淡一笑，回答道：“要不然怎样呢？难道我就不继续演奏了？这就是生活，如果你的 A 弦断了，就用其他三根弦把曲子演奏完。”

A 弦断了，这对任何小提琴手来说都是一件糟糕的事。试想，如果欧利・布尔沮丧并自暴自弃地说：“完了，我真倒霉，这可怎么拉下去啊！”那么他就真的完了，不仅会影响到音乐会的效果和自己的前程，还会陷入抱怨和诅咒命运的怪圈，自卑自怜，成为一个懦夫和失败者。

在漫长岁月里，你也一定会碰到令自己不愉快、尴尬或难以解决的情况，它们既然是这样，就不可能是那样。这时候怎么办呢？最好的选择是活在当下，不抗拒，不逃避，面对它，接受它，然后想办法改变它。当你能活在当下时，就是不幸开始离去之时。于是，你也就完全可以自若地用断弦缔造一场无人能及的完美演出。

塔金顿是美国的一个著名小说家，他常常说：“我可以忍受一切变故，除了失明，我绝不可能忍受失明。”可是在他 60 多岁的时候，有一天他扫视了一下地上的地毯，竟发现自己看不清地毯的颜色和图案。去医院检查时，医生告诉了他一个不幸的消息：他的视力正在减退，其中一只眼睛已几近失明，另一只也快瞎了。

最恐惧的事发生了，塔金顿对这最大的灾难会如何反应呢？他是否觉得：“完了，我的人生完了！”完全不是，他知道自己无法逃避，所以唯一能减轻痛苦的办法，就是爽爽快快地去接受它。

为了恢复视力，塔金顿在一年之内做了 12 次手术。但他不但没有为这件事烦恼，还努力鼓励病友们振作起来。眼球里有黑斑浮动，会挡住塔金顿的视线，当有人问他是否会感到不便时，他还因此幽默了一把：“当它们晃过我的视野时，我会说：‘嗨！天气又这么好，你要到哪儿去？’”

如此能活在当下的乐观之人，还有什么灾难不能克服呢？塔金顿说：“正如别人能够承受所遭受的不幸一样，我也能坦然直面我的失明。即使我的五种感官全部丧失了功能，我还可以靠思想生活。这件事教会了我应该如何忍受，而且使我了解到，生命所能带给我的，没有一样是我能力所不及而不能忍受的，一切都是刚刚好的安排。”

心理学家阿佛瑞德・安德尔说过：“人类最奇妙的特性之一，就是把负的力量变成正的力量。”塔金顿的个性正是如此，遭遇了自己最恐惧的事，他没有逃避，没有抗拒，而是活在当下，平和地接受了无法改变的现实，然后想方设法从这种不幸中脱离出来，改变自己的命运，进而享受生命的乐趣。

新英格兰著名女性主义者玛格丽特·福勒的人生信条是：“宇宙中的一切都是必然的，我接受宇宙中的一切。”当脾气古怪的苏格兰作家托马斯·卡莱尔听后，不禁大声吼道：“我的天哪！她最好如此。”是的，我的天哪，你我最好都如此，如此坦然地活在当下，接受那已然发生的不可逃避的一切。

有一首歌唱得好：“天穹之下疾病多，有的易治有的难。有治就把良方寻，无治不必硬勉强。”是的，许多的经历，我们是无法逃避的，也是无从选择的。活在当下，接受不可避免的事实，积极进行自我调整，才能使糟糕的事情变得柳暗花明，才能掌握好人生的平衡，才能最终改变自己的命运。

## 生活感悟

当事情不可避免、也不可能再有任何转机时，你可以因而退缩或加以反抗，可以为它难过也可以轻松而愉快地接受，就像杨柳承受风雨、水接受一切容器。不同的是，活在当下，心平气和地接受现实，好好地把握现在，我们才能节省下足够的情感和精力，去创造出一个更加丰富多彩的生活与未来。

# 活出人间好时节，天天都是好日子

时代成就了一个最伟大的发现：人类可以借着改变自己的态度，改变自己的人生！

——美国心理学家 威廉·詹姆斯

慧开禅师因为苦参“无”字话头而开悟，因此特别着重“无”字法门。一次，有弟子问慧开禅师：“为什么您活得如此快乐？”

慧开禅师答道：“春有百花秋有月，夏有凉风冬有雪；若无闲事挂心头，便是人间好时节。”

慧开禅师是得道高僧，境界果然不同。春天有娇艳的百花，秋天有静谧的月亮，夏天有凉爽的微风，冬天有皎洁的白雪。一年四季，大自然对于人类都在赠予，每个季节都施予宏大、厚重的恩惠，这种施惠是我们应该明白的。一个人生活在这个世界上，如果没有闲事来烦心，每一个季节都是最赏心悦目的好时节。

任何一位以这样的心境过日子的人，虽然不一定都是得道高人，但都一定是热爱生活的人，而对生活缺乏热情的人，大概是很难办到的。在对生活缺乏热情的人眼中，一年四季的坏处很多很多！春天除了百花芬芳还有荆棘杂草；秋天除了清风明月还有落叶枯藤；夏夜的凉风虽好，却也有蚊虫肆虐；冬日雪景虽美，却难掩刺骨的冰寒。

这些虽是事实，但在这样的心境中走过一生，即使活到百岁，也总会觉得缺少了些什么。如果能以一种积极、乐观的心境去感觉，春天虽不一定处处是花，但只看有花的地方；秋天虽万物萧瑟，但只注目丰收的硕果……凡事往好处想，往好处看，懂得活在当下的真义，学会发现那些刚刚好的快乐，你的每一天都会是快乐的好日子。

古希腊大哲学家苏格拉底单身时，和几个朋友一起住在一间很狭小的屋子里，生活非常清苦，但他整天乐呵呵的。有人问他：“那么多人挤在一起，你有什么可乐的？”他说：“我们随时都可以交换思想，交流感情，这是一件多么值得高兴的事情啊。”

过了一段时间，朋友们相继搬了出去，屋子里只剩下了苏格拉底一个人。他仍然很快活。那个人又问他：“你一个人孤零零的，有什么好高兴的？”苏格拉底说：“一个人多好啊，安安静静的，这样我就可以认认真真地读书了，这怎么会不令我高兴呢？”

几年后，苏格拉底搬进了一座七层大楼里，住在最底层。底层的环境很差，楼上总是往下面泼污水，丢破鞋子、臭袜子和乱七八糟的东西。苏格拉底还是一副自得其乐的样子。那个人又很好奇地问苏格拉底为什么会这么高兴。苏格拉底回答说：“住一楼进门就是家，上下楼、搬东西都很方便，而且还可以在空地上种花种草……这些乐趣呀，数也数不尽。”

过了一年，七楼有一个偏瘫的老人嫌上下楼不方便，苏格拉底便将一层的房间让了出来给老人住，自己搬到了七楼。每天，他依然是快快乐乐的。那个人揶揄地问：“住七层楼是不是也有许多好处啊？”苏格拉底说：“是啊！没有人在头顶干扰，白天黑夜都非常安静；每天上楼下楼几次，有利于身体健康；光线好，看书写字不伤眼睛。”那个人对苏格拉底佩服不已。

苏格拉底的心态与活法，很值得我们学习。其实，人生的价值不在于你活了多少年，而在于你走过的生命中拥有多少“好时节”。这取决于我们的心态和活法。世间很多事情都有利有弊，但事情本身并无所谓的好坏，关键在于我们怎么去想，怎么去看。想不开，看不开，处处是抱怨，于是人生活成了一出悲剧；想开了，看开了，时时是知足，刻刻有快乐，于是活出了人生的好时节。

生活给予了我什么，我就享受什么，因为我知道生活给我的都是刚刚好的，所以我懂得了“每天都是好日子”的道理。

“每天都是好日子”，这出自禅宗大师云门之口。一个月皎气清的夜晚，云门禅师把弟子们召集在了一起讲法。他说道：“十五日以前不问汝，十五日以后道将一句来。”弟子们听了面面相觑，他便自己代答道：“日日是好日。”

这段对话非常有名，翻译成白话文就是，云门禅师问弟子们：“开悟以前的事我不问你们了，开悟以后的情境，你们试着用一句话说来听听。”弟子们冥思苦想，不知道该如何应答。这时，云门禅师替他们回答说：“每天都是好日子。”

晴天时，爱晴的爽朗；雨天时，爱雨的缠绵。有乐趣时，快乐；没乐趣时，也快乐。做人，就应该活好每一个当下，体验好这刚刚好的时光，全心全意去接纳与投入这一切，如此才不会虚度我们这美好的幸福时光与大好的青春年华。

## 生活感悟

生活中的每一天都会按时到来，而每一天是不是好日子，不取决于任何外在的事物，完全在于你的心态。不管你的初心是喜欢还是抗拒，请保持阳光的心态、积极向上的生活态度，张开双臂去拥抱每一天。当你用心演绎好生活的精彩，全心全意投入到这刚刚好的时光，你会发现，其实每一天都是好日子，每一天都拥有刚刚好的快乐与幸福。

# CHAPTER 6

# 无执名利，见好就收

在这贪心的世界里，我只要刚刚好的名利。人生本是一场空，来时一丝不挂，去时一缕青烟。金钱不过一梦黄粱，权位不过镜花水月，名望不过过眼云烟，所以切莫贪功心切和自不量力，否则身受其累，心受其害。看轻荣辱得失，看淡虚名浮利，无执无妄，见好就收，便可知足常乐，逸心补劳，活得刚刚好。

# 为名为利终不了，问君辛苦到哪年

一杯洗涤无余，万事消磨运远，浮名薄利休羡。
——宋代诗人 赵师侠

绝大多数人都知道吸食鸦片毒品的危险性，只有无知的人和追求新奇刺激的人才会去抽，觉得试试而已，肯定没事，结果却搞得自己吸食成瘾，令宝贵的生命陷入到慢性自杀之中。

名利有时候也如同鸦片一样，一旦沾上了，想放下会很难。我们常常能看到一些人，为了追名逐利，处处钻营，溜须拍马、阿谀奉承者有；瞒天过海、暗度陈仓者有；无中生有、借刀杀人者有。为了满足自己一官、一利、一职之贪，有些人竟费尽心机。只不过，这样做往往会既害己又误人，得不偿失。

《红楼梦》中有一首“好了歌”是专门讥讽过于沉迷功名利禄的人的，其中有两句这样写道：“世人都晓神仙好，惟有功名忘不了，古今将相在何方？荒冢一堆草没了。”俗语中也有“人为财死，鸟为食亡”的话，可见名利二字实在是害人不浅。也有古人将名利比喻为缰绳和锁链，曾经有人以“纤夫拉船”为题写了一首诗：“船中人被名利牵，岸上人牵名利船。为名为利终不了，问君辛苦到哪年？”可见世上之人总离不开名利牵绊，而一个整日醉心于名利的人，往往是不会有什么出息的。

名利动人心，名利亦熏心。追求名利不能太过执着，要懂得适可而止才行。可能有很多人对这种说法嗤之以鼻，认为一个人辛苦半世，为的不就是名利吗？为的不就是活得更好吗？名利不是最有价值的追求吗？殊不知，说白了名利不过是一场轮回，当我们来到凡尘后便开始追逐名利，然而化为枯骨后名利也随之消散，名利生不带来，死不带去，既然是空，何须执着？

如果真的是为了活得更好，就一定要超越名利，这样就能获得身心的自然、安宁、惬意、舒适、安逸，幸福的生活也随之而来。很多人醉心于名利，终其一生都在苦苦寻觅，却很少得到名利。有些人不求名利，只发展非常有益于大众的事业，结果，名利却反过来追求他。

居里夫妇发现了新的放射性元素镭以后，收到了一封来自美国布法罗市的信，建议他们申请生产这种金属的专利权。当时，一克镭的价钱达到70万金法郎。很明显，专利权能使他们获得巨大的物质利益，但居里夫妇不假思索地拒绝了申请专利权的建议，毫无保留地公布了研究成果。而且，为了回避不速之客的骚扰，能够专心进行科学研究，居里夫妇干脆搬到了偏僻的乡下去住。

有一次，一位女友发现居里夫人的小女儿正在把玩英国皇家学会刚刚奖给她妈妈的一枚金质奖章，忙说道："能够获得一枚英国皇家学会的奖章是极高的荣誉，你怎么能给孩子玩呢？"

居里夫人笑了笑说："我是想让孩子们从小就知道，荣誉就像玩具，只能玩玩而已，绝不能永远守着它，否则将一事无成。"

正因为居里夫人所追求的东西超越了名利，所以她能将自己的一切都无私地奉献给了科学事业，从而使她在科学事业上取得了卓越的成就，并两次获得了诺贝尔奖，还得到了107个名誉头衔、16枚奖章、10份科学奖金。居里夫妇不贪求名利却取得了巨大的成就，深受世人景仰，名垂青史。

有谚语说："名声躲避追求它的人，却去追求躲避它的人！"这是什么道理呢？德国著名作家、哲学家叔本华早已给出了答案："这只因前者过分顺应世俗，而后者能够大胆反抗的缘故。"

盛名带不来幸福，权位给不了快乐。而且，"高处不胜寒"，权力越大，地位越高，就更会让人有如履薄冰、战战兢兢之感。故而，燃灯法师曾经提醒世人："如果我们能破除一切执着尘劳，丢掉身外的贪婪和物欲，找回自己，就能获得身心的自然、安宁与惬意，幸福的生活也会随之而来。"

人生在世，名利上虽然不能免俗，但当我们把时间和精力都用在追求名利上，哪有什么时间享受生活呢？悠着点儿，学会将功利看淡一些。名利这个东西生不带来，死不带去，生前锦衣玉食，前呼后拥，死后也是黄土一抔。别被名利束缚得动弹不得，白白在这世上走了一遭。

## 生活感悟

生命的美在于它的丰富、辽阔和无限可能，如果仅仅被“名利”二字一叶障目而忘却了生活的真正意义，那么这样的名利就成为了摧毁我们生活的利刃。看淡名利得失，守住生命最本源的需求和美好，让浮躁的心在面对纷繁的诱惑时可以静下来。只有这样的人生，才是刚刚好的人生，才能收获真正的幸福。

# 无非名和利，不过一碗饭

莫言名与利，名利是身仇。

——唐代杰出诗人、散文家 杜牧

我们为谁活着？如果搞不清楚这个问题，我们很难获得更多的快乐。

童年时代，我们发愤读书，是为父母的颜面而活。为了做乖孩子，不让父母费心，我们要压抑自己的喜怒哀乐，不让自己成为与众不同的另类……

青年时代，我们为了吃饭谋生，可以牺牲自己的最爱，干自己不喜欢的工作，嫁自己不是最爱的人。我们可以经常强颜欢笑，为了自己的饭碗，为了自己的家庭，为了……

中年时代，我们容颜渐衰，升官已无望，发财成泡影，可儿女已长大，要读书，要供他们上小学，上中学，他们争气，我们要砸锅卖铁供他们上大学，哪怕累得筋疲力尽，也在所不惜。他们不争气，我们要苦口婆心，劝导他们少壮不努力，老大徒伤悲，为他们的学习请老师，请家教，上各种补习班。还要忍受他们青春期的叛逆，将自己变成一个默默无闻的幕后经济支柱。

父母也越来越老，不能再操劳，各种疾病开始青睐他们，纷至沓来。他们变成了需要我们照顾的老小孩，见到我们开始絮絮叨叨总认为自己浑身都有毛病，总希望子女守在身边问寒问暖。

我们何尝不想，可是我们要工作，要挣钱，孩子上学要用，老人看病要用，人际交往的各种事情要用，各种名目繁多的培训要用，而且，随着我们岁数的增长，我们在领导眼里也变得一文不值，难呀！

我们为谁活着？为孩子，为家人，为面子，还是为了活着而活着？我们为什么从小开始就忙忙碌碌，长大后还要把自己弄得疲惫不堪，却又欲罢不能？也许下面纪晓岚说的一句话能给你答案。

据说乾隆皇帝当年巡察江南时，看到江面上千帆竞渡，不禁好奇地问左右：

“江上熙来攘往者为何？”

陪伴一旁的大学士纪晓岚随口就答道：

“无非为名、利二字。”

纪晓岚一语道破天机，看透人生奥秘。

我们为谁活着？我们在忙什么？我们确实是在为家人活着，但更是为了自己的名和利而活着，而忙碌。

有两个工作不如意的年轻人，一起去拜望一位高僧，请求他开示是不是该辞掉工作。高僧闭着眼睛，隔了半天只说了五个字：“不过一碗饭。”两个年轻人都觉得自己顿悟了，知道自己下一步该如何抉择了，于是便拜谢高僧就下山了。

回去后，其中一个人递上辞呈便回家种田了，而另一个却继续留在那家公司里。

十年过去了，回家种田的那位成了农业专家，留在公司的那位成了经理。

有一天两人相遇，农业专家问经理：“奇怪！师父告诉我们‘不过一碗饭’，不过一碗饭嘛，有什么大不了的，何必硬留在公司里受气呢？所以我就辞职了。但你为什么没听师父的话呢？”

经理听了，笑道：“师父说‘不过一碗饭’。意思是说，不过就是为了混一碗饭吃吗，只要少赌气，少计较就成了，所以我就按师父的意思来做了啊！”

农业专家和经理都对对方的理解不认同，于是便再次相携去拜望高僧，想弄明白这位师父的话到底是什么意思。

过了十年，高僧师父已经很老了，仍然闭着眼睛，隔了半天，才答了五个字：“不过一念间”，然后挥挥手，让两人离开。

人活着，无非名和利，不过一碗饭。饭是每个人每天都要吃的，这没有任何理由，因为你要生存，而且有时候吃饭也是一种享受。所以就工作而言，这碗饭的意义可是非同寻常。

在没有条件选择哪碗饭的情况下，你不妨委曲求全，静待时机，想一想“不过一碗饭”“不过一念间”的道理。当你有能力和机会选择哪碗饭的时候呢？面临不同的选择，但是新的选择又要承担风险的时候呢？是选择“混”碗饭吃还是挣口饭吃？

每个人都有自己生活的目标，其实本质上“无非名和利”。当你受苦受累受委屈的时候，不妨想想“不过一碗饭”“不过一念间”，这时，你也许会明白，我们只需要刚刚好的名和利就足够了，多余的名与利，只会让我们忙忙碌碌，疲累不堪，烦恼不已。

活着，无非名和利，不过一碗饭。生命看似很漫长，其实很短暂。名利可追求，但不要太过执着。当你能够真正懂得追求刚刚好的名利的可贵时，你的心或许会更容易释然。

## 生活感悟

每个人都有自己生活的目标和追求，然而实质上就是五个字：“无非名和利”。当你汲汲于名利时，当你陷于金钱名声权力高位上不能自拔时，当你受苦受累受委屈时，不妨想想这两句话：“不过一碗饭”“不过一念间”。这时你应该能感悟出什么来。其实，我们只需要刚刚好的名利，过犹不及，反而让你背负沉重，与你真正想要的背道而驰。

# 别傻了，你想要的东西不是越多越好

> 贪财而取危，贪权而取竭。
>
> ——庄子

曾经，蜈蚣身上是没有脚的，那时候它仍然可以爬得像蛇一样快。有一次，它看到有脚的蚂蚁比自己跑得快，心中非常嫉妒。于是它向造物主祷告说：“万能的造物主啊，我希望自己能够跑得快一点，多赐给我一些脚吧！”

听了蜈蚣的请求后，造物主答应了，他把很多很多脚放在了蜈蚣面前，让蜈蚣自己来选择要多少只。蜈蚣看到之后，迫不及待地一只又一只地往身体上粘，从头一直粘到尾，直到身上已经没有位置了。

看着自己身上有了这么多只脚，蜈蚣非常兴奋，心中窃喜：“现在我的速度一定非常快!”然而,等开始跑时它才发现,自己根本就跑不动！这些脚噼里啪啦地各走各的，只有它全神贯注的时候，才有可能正常地往前行走。这样一来，蜈蚣行走的速度反而更慢了。

蜈蚣想要脚是无可厚非的，错只错在它贪得无厌，让心中贪念形成了无法填满的无底洞，最终作茧自缚。人生在世，每个人都会有各种各样的欲望，主要是名利情爱等欲望。这些欲望在一定程度上可以促使我们去追求幸福与快乐。可是，如果一个人心中的贪欲太强，就会造成痛苦和不幸。

《金刚经》说：“凡所有相，皆是虚妄，若见诸相非相，即见如来。”修行之人，不能执着境界的存在，更不要贪著神通，否则便会走火入魔。俗世之人，其贪心越大，失去的就会越多，心恶就会越大。对于修行之人，放下名利，方能修成正果。对于欲世之人，只有追求刚刚好的名利，才能消灾免祸，离苦得乐。

狐狸是森林中比较聪明的动物。有一次，它效仿人们捉麻雀的方法，在竹筐的下面撒了一些米，然后又用一根棍子把竹筐支了起来，想要一次抓住几只山鸡。

等了没多久，就有一只山鸡去吃那些米了。接着，又有越来越多的山鸡赶了过来。一只、两只、三只、四只……最后还有两只山鸡在竹筐外面。狐狸心想，只要那两只山鸡进去，就马上可以收网了。

但事实并不像它当初所预想的那样。过了一会儿，一只山鸡吃饱后走了出来，接着又有山鸡陆续走了出来。狐狸一心想着那些山鸡能够再次进去，所以一直没有拉竹筐。最终，最后一只山鸡也从竹筐里面走了出来。这时，狐狸才追悔莫及。

很多时候，我们心中的名利之欲就像是一粒粒尘埃一样，在开始的时候，颗粒极小，以至于我们根本就没有察觉到它。于是，这些微尘就悄无声息地落在了我们心灵的边角，因为我们没有及时地去清扫，结果越积越厚，到最后一发不可收拾。

人这一生，不管获得多少，最终仍旧要赤裸裸地离去。因此，不要被那些表面的东西所迷惑，被名利之贪欲所掌控，否则不但会让我们失去自我，还会让我们更加容易被别人利用，走上错误的人生道路。

对于名利，适度的追求并没有错误，但是我们一定要把握好一个尺度，因为过分的贪婪名利，会直接导致我们形成错误的价值观，进而偏离正确的轨道。一旦被过分的名利之欲牵着鼻子走，我们很可能会走入罪恶的坟墓。为免吃到恶果，我们一定要时时告诫，时时警醒，方能自持。

## 生活感悟

越贪婪于名利，距离深渊越近，越容易被贪欲的魔掌掌控。越无度地追求名利，越容易陷入危险与烦恼的境界。其实，在人生的旅程里，并不是得到越多的名利就越好。名利可求不可过，过犹不及，否则会成为我们身上的沉重负担。对于名利，最好的做法就是：只求刚刚好的名利，见好就收。

# 不执着于名利的人生才是活出了明白

人生最难的不是如何去拥有，而是该怎样学会放弃。

——佚名

在一些偏远山区，还保留着原始却有效的捕兽方法。例如，有一个地方的农民，在如何捕猎猴子上，就非常有心得。他们是如何有效而轻松地捕获到猴子的呢？原来，首先他们会将一段竹筒在中间的位置开出一个刚够婴儿的手放进去的孔，然后两头拴上绳子，之后又把瓜子拌上蜜糖，放到锅里炒熟，使之香气四溢。

接下来，他们会把炒熟的瓜子装进竹筒里，然后进入深山，把竹筒的两端拴在两棵树上。做完这些后，隐蔽在不远处的草丛中。而猴子会在瓜子香味的吸引下，慢慢地向竹筒靠近。当确定没有危险之后，它就会把手伸进竹筒的小孔中，抓住一把瓜子，但是手因握着瓜子而无法抽出来。这时候，农民们从隐蔽的草丛中向猴子走去，猴子因为握着瓜子不懂得放弃而被农民捕获。

也许有些人会觉得猴子很傻很笨，不懂得放弃手中的瓜子，从而让自己被人类所擒。殊不知，为了追求身外之物，我们很多人也像猴子一样贪心，不加选择地疯狂敛取，又害怕失去已得到的东西：有了功名，就对功名放不下；有了金钱，就对金钱放不下；有了爱情，就对爱情放不下；有了事业，就对事业放不下。在这样的时候，危险往往随之而至。

有一位年轻母亲正在厨房里做饭，忽然听见客厅里传来 4 岁儿子极度恐慌的声音。母亲闻声跑过去，发现儿子的手卡在了一个花瓶中，无法脱出来，痛得连声直叫。母亲想帮儿子将手从花瓶中拉出来，可试来试去也无济于事。

看着儿子脸上挂满了泪水，手腕处被瓶颈勒得通红，母亲心疼极了，她犹豫了仅仅几秒钟，便找来了一把锤子，小心翼翼地敲碎了花瓶。儿子的手终于出来了，只见他的手紧紧攥成了一个拳头。

母亲吓坏了，以为是孩子的手在花瓶里卡得太久变形了。待她将儿子的拳头小心地掰开后，才彻底松了一口气，但也惊讶得哭笑不得：孩子的手没事，他的小手心里紧紧攥着的，是一枚5分钱硬币——而那个刚刚被她敲碎的，是一个价值3万元的古董花瓶。

为了一枚5分钱的硬币，砸烂了一个价值3万元的花瓶，这个故事听起来未免有些可笑。但唏嘘一笑之后，我们可曾意识到，这个发生在4岁孩子身上的故事，其实也普遍存在于你我之间，我们之所以紧抓“硬币”不愿松手，就是因为害怕一旦放手，这些本来已属于自己的东西就再也没有了。却不知道，因为舍不得放手，致使自己失去了更多。

无论名还是利，无论爱情还是友情，抑或是其他一切我们想追求的物事，我们都想紧紧抓住已经到手的，但其实我们抓住的只是自己的贪婪而已。贪婪空虚如火，时时都在燃烧，那结局就是一堆冰冷的灰烬。因此，人生不要过于贪心，不要总握着拳头，在必要的时候要学会放手。无执才能无烦恼，放下才能得新生。

有位老人坐火车去远方探亲，因为坐火车的人实在太多，所以他在登车时不小心将自己脚上的鞋子弄掉了一只。火车要开动了，所以他没办法再去找寻了。因为鞋子十分好看，车内的人都在为他惋惜。这时，老人的举动让所有人都愣住了，他居然脱下脚上的另外一只鞋，猛地从火车窗口扔了出去。

人们对此很是不解，都认为老人是因为恼羞成怒而扔鞋子出气的。但老人解释道：“这只鞋子不论有多昂贵，但它只剩下一只了，对我来说已经没有用处了。但我扔出窗外去的话，如果捡到一只鞋子的人能找到这一只，说不定还能继续穿呢！”

大千世界，少不了舍弃，舍弃本就是一种选择。老人的舍弃有一种成全的韵味，与其看着剩下的一只鞋子唉声叹气，倒不如丢掉它来得干净利落，如此不但能让别人有机会穿到一双好鞋，自己也能做到眼不见心不烦。

在这贪心的世界里，我只要刚刚好的名利。对名利适度的追求，是生活的动力，但若过度贪恋名利，不知满足，永远只知道攫取，得到了还想得到更多，就会失去内心的宁静和祥和，还会给自己增加许多烦恼与痛苦。

不执着于世间的物质名利，见好就收，使复杂的生活回归简单，纷乱的思绪回归明晰，浮躁的心境回归淡然，这样的人生才是真正活出了境界，活出了明白。

## 生活感悟

握紧拳头，你的手里是空的；伸开手掌，你拥有的是全世界。承载过多的物欲与虚荣，生命之舟只会在中途搁浅和沉没。从现在起，放下我们那颗贪婪名利之心吧！对世间事物都不要太执着，对一切的追求都适可而止，见好就收。如此，才能做到以舍求得，人生才会过得烦恼很少，痛苦很少，美好很多，快乐很多。

# 莫让你的“所恋”变成令你不幸的锁链

> 知止不殆。
>
> ——老子

凤凰卫视《情怨今生》栏目曾做过这样一期节目，来的嘉宾叫黄俊峰，是一位做宝石生意的台湾富商。上节目时的黄俊峰已经年逾古稀，却一直坚持独身，不近女色。

原来，51年前，18岁的黄俊峰跟随做生意的父母，从浙江宁波移居北京，并结识了一位就读于女子中学的绝色佳丽媛妹。这位媛妹实在太迷人了，让黄俊峰心醉神迷，陷入到了对她的苦恋之中无法自拔。

3年过去了，父母要移居美国，黄俊峰只好跟随父母一起走。想到从此劳燕分飞，黄俊峰肝肠寸断。临走前，他在女孩家门口遥望、徘徊了一整天，心痛如绞，泪如雨下。

后来，黄俊峰进入了商界，生意越做越大。他也遇见过很多美丽绝伦的女子，但当年的媛妹，却在他的心灵深处刻下了最深的烙印。除了媛妹，没有人能再叩开他的心扉。

当他讲述到这里时，主持人问他：“你这样值得吗？”黄俊峰深情地说：“只要能得到她的爱，我情愿赴汤蹈火。”

这时候，主持人告诉了他一个好消息：在这次访谈之前，已根据他朋友提供的线索，找到了这位女子，并以做“城市纪录片”为名，拍摄了一集她的生活短片。他现在就可以看到她生活的状况了。

于是，黄俊峰看到了这样的画面：一位身材臃肿的老太太，正和邻居聊天。她门牙已掉了几颗，头发花白，稀疏地散落在额前；不时还搔搔头，掏掏耳朵眼儿，随口骂淘气的孙子。做饭时，她用刚扫过地的手拿刀去切肉；切过后，沾了油的双手就在床头前的抹布上一擦完事……看到这里，黄俊峰好像要倒下了。他脸色忽白忽红，不断嘟囔：“这不是我的媛妹……”

这时，屏幕上出现了悬挂在老太太堂屋中的一张旧照片，照片中的女孩齐齐的刘海儿，充满青春活力，美丽逼人。这时，黄俊峰泪流满面：“真的是她啊！她怎么会变成这样啊？”他根本无法相信当年如花似玉的梦中情人，此时竟已变成了一个如此粗俗的老太太！最后，黄俊峰失落地说：“没想到，我这 50 年的等待和梦想，居然会变成这样！”

回到台湾后，黄俊峰像换了一个人似的。他开始接触生活中情投意合的女子，学会享受爱情的甜蜜；甚至计划当高龄爸爸，延续黄家的香火。

一场 50 年不变的美好爱情，最后竟然如此不堪一击！其实说来也不奇怪：这份爱情，不过是当事人脱离实际，自己把它放大的一场情感幻影。

在开始的时候，这份感情是美好的，也是值得留恋的。但是，把它无限制地放大，最后就成了一个人心中的“死结”。可见，人对某个人或某样东西太过在乎，往往就难以割舍。那应该怎么办呢？放弃错误的执着、坚持，放下令你苦不堪言的东西，比如名利、感情等。须知，最难舍的最该舍，最难戒的最该戒！

人之所以会烦恼、痛苦，甚至绝望，往往是对名位、利益、某些人或事物产生了依恋，依赖甚至沉迷。人对自己在乎的好东西，不管是爱情、名利，还是其他的，都有一种美化的倾向。一美化，就容易产生依恋；依恋久了，就有可能依赖；一依赖，就很容易在内心深处，形成对自己的桎梏，沉迷其中不能自拔，从而让“所恋”变成了“锁链”。

唐玄宗是唐代的中兴之君。但由于他宠爱杨贵妃，对江山社稷不重视，国家因此出现了很大的危机。

更可怕的是他用错了人。而且用错的不是一般的人，而是位高权重、掌握国家命脉的三个人——宰相李林甫、杨国忠，将领安禄山。三人中，宠信一人，于国于民都有大害，何况还宠信了三人！这样的后果是，终于酿成了“安史之乱”，令唐玄宗成了流亡之君。

唐玄宗为什么会宠爱这三人？就是他太依恋和依赖他们了，所以，最后使得“所恋”成了锁链。

李林甫是中国历史上“口蜜腹剑”的典型人物，可在唐玄宗看来，李林甫善解人意、听话，用起来很顺手。公元 736 年，唐玄宗在东都洛阳住久了，想回长安。宰相裴耀卿向唐玄宗进言：“现在农民收割还没有完，最好等到冬天农闲时再回去。”

没想到，李林甫却对唐玄宗说：“洛阳、长安本来就是皇上的东宫、西宫，皇上要到哪里去，难道还要征求别人的意见，或者等待什么时机吗？如果怕妨害农事，只要免除所经地区的租赋就行了。”

唐玄宗想，李林甫的提议，真是“两全其美”啊！于是龙心大悦，立即下令驾车回长安。李林甫能登上宰相的高位，并在这个位置上一待就是19年，固然离不开他的政治手腕，但还有至关重要的一条：他说话办事都很符合晚年唐玄宗的口味。

唐玄宗对这样的大臣有一份特殊的依恋，换言之，离开了这样的大臣，他就不舒服。最终，这份“所恋”变成了锁链，将这位皇帝葬送了，也给国家带来了巨大的灾难。

英国著名思想家罗素说过：“人生最难得的是，过哪座桥，烧哪座桥。”要放下最难放下的东西和人，确实是最难的。然而，无论是名利是物事还是人，很多时候最难舍的最该舍，最难放下的最该放下，否则，等你的“所恋”变成了束缚住你的锁链时，你将追悔莫及，损失惨重。

## 生活感悟

在你在乎的地方，往往有着你的死结；在你最在乎的地方，往往有着你最大的死结！太在乎就是错误的执着，就是愚痴，就一定要放下。如果不能解开死结，不能放弃错误的执着与愚痴，受苦的只能是你自己，甚至令你的整个人生都在受苦！怎样解开死结？适可而止，见好就收。

# 真正的财富是让我们终身受益的东西

金钱不应当是生命的目的，它只是生活的工具。

——法国作曲家 比才

从前有一对兄弟，父母双亡之后，他们各自获得了父母遗留下来的十斤黄金。然后，他们就带着黄金一起迈上了回故乡的路。

两人挑着各自的黄金走在路上，走着走着，哥哥心里便想："现在这里并没有其他人，如果我把弟弟杀了，我就会有二十斤黄金了。"其实这个时候，弟弟的心里也萌生了同样的想法。

因为两人都在打着自己的算盘，这时不自觉地朝对方看了一下。当他们的目光相遇时，突然都觉得非常羞愧。

他们又向前走了一段时间之后，心里都开始后悔了起来："本是同根生，相煎何太急？我这样做和禽兽有什么分别呢？"

在经过一个河边的时候，哥哥把自己的黄金全部扔到了水里面。弟弟看到之后，马上也扔掉了自己身上的黄金。然后，兄弟俩拥抱在了一起。

黄金固然重要，可兄弟俩之间的骨肉情谊显然更加重要，为了金钱而反目成仇，实在不是一个明智之举。我们应该用一把正确的尺子来衡量财富，看待财富，而真正的财富往往是那些可以让我们受益终生的东西。

在浮躁的尘世中，很多人在盲目地追逐功名利禄，觉得这才是自己真正的财富。其实不然，亲情、友情、爱情，这些远远要比金钱更加珍贵。当我们被贪欲带来的烦恼压得喘不过气来的时候，何不像河边的两兄弟一样，毅然决然地抛弃那些人生枷锁，去寻找对我们的人生真正有价值的东西呢。

只要用心寻找，我们就能发现生活中的那些无形的财富，它们可以帮助我们从危难之中逃脱，也可以让我们变成一个很富有的人。世界上真正富有的人，其实不是金钱物质上富有的人，而是精神和心灵上富足的人。这种心灵上的富足，更能充实我们的人生，更能帮助我们透过事物的表现来参透其本质，让我们生活得更加从容淡定，轻松自在，快乐幸福。

有个人总是抱怨自己时运不济，觉得自己既没有钱又没有什么职务，所以活得非常失败，于是终日愁眉不展。

一天，他在路上偶遇了一个老和尚。当他看到和尚脸上的那种平和之气时，他不由得叹了一口气。

老和尚问年轻人为什么要叹气。这个人回答道："我非常羡慕你这么开心，但我总是有很多烦恼，因为我觉得我什么都没有。"

"年轻人，你明明很富有啊！"老和尚微笑着说道。

"怎么可能，我明明什么都没有啊！" 这个人疑惑不解。

老和尚接着问道："如果有人用一万两银子来换你的健康，你会接受吗？"

"当然不换。"这个人马上回答道。

于是，老和尚继续微笑着说道："现在你至少有一万两银子了，难道你还不富有吗？"

这个年轻人之所以会烦恼，是因为他没有意识到什么才是真正属于自己的财富，他只是看到了自己没有什么，却从未看到自己拥有什么。当一个人以狭隘的眼光去看待财富时，自然不会感到满足，总觉得自己是最贫穷的人。

在生活中，有很多人抱持着"金钱就是一切"的观点。他们把金钱和幸福画上了等号。美满的家庭、和谐的人际关系，在他们看来都是可以用金钱买到的。不得不说，这是一种非常错误的观点。事实上，财富不只包括金钱，还包括慈悲、欢喜、思想、健康等等，金钱只能说是一种工具而已。所以，我们在追求金钱上，适度即可，过犹不及，害人害己。

在这贪心的世界里，我们只需要刚刚好的金钱；过多的金钱，我们不妨学会分享出去。当我们只是占有财富，而不分享财富的时候，财富也就失去了其本身所存在的意义。而我们一旦将它们利用起来，那么财富将发挥出你意想不到的强大功用。例如，帮助贫困地区的人们脱贫致富，支助学生上学，多参与一些慈善事业，等等。

当我们学会了分享我们的财富时，我们必定能获得比财富本身更多的东西。所以，我们一定要学会用更加开阔的眼光去看待财富，并使财富起到更多积极的作用，去做更多有意义的事情。

## 生活感悟

真正的财富，是让我们终身受益的东西。真正的财富，不仅仅包括金钱，还有亲情、爱情、友情，还有知识与智慧，还有慈悲之心，还有无数我们可以用来分享出去的东西。很多人把财富只等同于功名利禄，甚至只等同于金钱，眼光和心胸是狭窄的。其实，对于功名利禄这类财富，我们只需要刚刚好就可以。但可以用来分享出去以帮助到大家的东西，则多一些也未尝不可。

# 看淡功名利禄，悦享云卷云舒

> 宠辱不惊，看庭前花开花落；去留无意，望天空云卷云舒。
>
> ——《菜根谭》

有个高僧在路上拾到了一块宝石，便随手扔到了自己的背包里面。后来，高僧看到路边有一个被饥饿折磨得奄奄一息的人，于是把自己的食物分给了他一些。

当这个人无意间看到高僧的口袋中居然有一块宝石时，感觉非常意外。高僧看到他如此喜欢这块宝石，就把它馈赠给了他。这个人非常高兴地拿着宝石走了。

没过多久，这个人又拿着宝石跑了回来，恭恭敬敬地把它还给了高僧，说："这个宝石对我已经没有什么用了，因为我现在知道了还有比宝石更珍贵的东西。大师，谢谢您给了我这样一次体验。"

一个人能无条件地赠送别人一块宝石，说明这个人有着一颗比宝石还要珍贵的心。而那个受高僧布施的人，也最终领悟到了精神上的财富要比物质上的财富有价值得多的道理。

我们常说，做人要学会淡泊名利。这并不是说我们不能够去追逐名利，而是提醒我们要学会掌握这其中的"度"，要学会追求刚刚好的名利，否则过犹不及。毕竟，名利其实都是一些身外之物，体现不出我们真正的价值。很多时候，心灵上的充实要比物质上的富足更加令人愉悦。

君子爱财，取之有道。面对金钱的诱惑，我们要时刻保持一种冷静的态度，坚持一些原则和底线。当我们身无分文或者腰缠万贯的时候，都很容易在欲望的膨胀下形成一种错误的价值观，从而使我们自己成为金钱的奴隶，心灵原有的色泽也会被金钱所掩盖、腐蚀。最终，除了心灵受贪念所累，我们还要咽下自己当初种下的恶因结出来的苦果。

在犹太人里有这样一个广为流传的故事：

有一次，一个十分吝啬的守财奴向他的拉比（注：拉比，指犹太人中的老师）乞求祝福。拉比先是让他来到了窗户前，让他透过玻璃来观察外面的街道。一段时候之后，拉比问他都看到了什么。

“我看到街道上有很多人。”守财奴答道。

这时拉比又带着他来到了一个镜子前面，问他看到了什么。

“我只看到了我自己。”守财奴答道。

之后，拉比意味深长地对守财奴说道：“玻璃既可以做成窗户，也可以做成镜子。镜子只不过是在玻璃的后面镀了一层银。玻璃能让我们看到了别人，可是在后面镀了一层银成了镜子之后，我们在镜子面前就只能看到自己了。”

当我们醉心于名利的时候，非常容易陷入一种过于自我的境地。人一旦被金钱所蛊惑，即使有再多的智慧，也很难拯救自己。其实，少一分物欲，就会多一分坦然；少一分占有，就会多一分善心。在金钱面前能够多一分清醒，也就能够更多地体会到细看“花开花落，云卷云舒”时的惬意。

熟悉佛教的人都知道，佛教很注重“戒贪”，因为他们知道其危害之大，所以才会如此这般重视。戒什么方面的贪呢？其实就是对功名利禄等方面的贪婪。虽然我们绝大多数人都不是佛家弟子，也不信佛，笔者也绝不提倡大学视金钱如粪土，只不过，太醉心于对名利的追求，就无法享受到生命中那些真正的高层次的美好，而只是汲汲于低层次的物欲享受。

如果你离不开名利，又不希望自己被名利所累，不妨只追求刚刚好的名利；如果你想享受到“宠辱不惊，看庭前花开花落；去留无意，望天空云卷云舒”的愉悦、自在、从容、轻松、恬静，不妨豁达看金钱，淡然看名位。

## 生活感悟

纵横在这尘世之间，保持一种心灵的淡然，还是很有必要的。当我们以一种淡然的心态来看待功名利禄，就不会陷入纸醉金迷的深渊，也不会因得失之事而大喜大悲。看淡功名利禄，只追求刚刚好的金钱与物质，方能享受到更多“花开花落，云卷云舒”般的美好。

CHAPTER

# 7

# 吃适度的亏，做大气的人

在这贪心的世界里，我只要刚刚好的糊涂。什么是“刚刚好的糊涂”？就是我们常说的“难得糊涂”。糊涂当然不好，因为糊涂的人，头脑不清楚，不明事理。但“难得糊涂”却是一种高明的活法儿，具体表现是不计较，不较真，不偏执，不给自己惹来纷争和烦恼，主动吃适度的亏，愿意做出适度的退让，能宽容待人等。当我们拥有“刚刚好的糊涂”，能“难得糊涂”时，就能够远离烦恼，身心愉悦，健康长寿，还能成为一位大气的人，左右逢源，助力无限。

# 真聪明易求，假糊涂难得

> 难得糊涂。
>
> ——清代画家 郑板桥

唐代后期，郭子仪多次救李唐王朝基业于危难之中，战功赫赫。因此，时任皇帝唐代宗对他敬畏有加，还特地将他的儿子郭暧封为驸马，赐婚升平公主。

升平公主与郭暧结婚时，都还是十几岁的孩子。有一次，郭家举办家宴，升平公主坐在了主位，其威仪更甚于公公郭子仪，郭暧见了很不高兴。家宴结束后，他们一回到自己的卧室中，郭暧就生气地指责了升平公主。

升平公主乃是出身于皇家的金枝玉叶，自然受不了这种气，于是两人互不相让，争吵了起来。郭暧一时气急，竟然甩手打了升平公主一记耳光，还怒声说道："你以为你是公主就可以不将我父亲看在眼里吗？你们李氏江山还不是我爹打下来的？要是他想当皇上，今天这皇位早就姓郭了！"

升平公主挨了打、受了气，就跑回宫中向唐代宗哭诉，并将郭暧的原话转述给了唐代宗。按理说这样的话，完全可以定一个欺君之罪，但唐代宗听后却淡然地对升平公主说，郭暧所说的皆是事实，不必在意，还苦口婆心地告诫她，做人妻子要懂得忍让，不能倚仗权势压人。在唐代宗和升平公主母妃的劝说之下，升平公主回到了郭家。

郭子仪听说了这件事之后，生怕唐代宗日后会怪罪自己，就亲自绑了郭暧到宫中去负荆请罪。唐代宗见状，哈哈大笑，亲自下来为女婿松绑，并向郭子仪说了句感人至深的话："不痴不聋，不做家翁。他们夫妻之间的斗气话，我们何必太过认真了。"说完就让人给郭暧松绑，让他和郭子仪回家了。

其实，唐代宗不是不疼爱自己的女儿，但是为了两家的和气，他对郭暧的过失装糊涂，"不痴不聋，不做家翁"，如此既能让郭子仪释怀，又让郭暖释怀。事实证明，他的"难得糊涂"，令郭子仪更加卖力地替自己干事了，郭暖也更疼爱自己的女儿了。

佛家常说："得饶人处且饶人，而最好的阶梯便是难得糊涂。"郑板桥也说过："难得糊涂。”事实上，世间上有非常多“难得糊涂”之人，他们的成就一点也不“糊涂”。由此可见，难得糊涂是一种超越世俗的大智若愚。

的确，难得糊涂是一种境界，是似糊涂又非糊涂，似聪明又非聪明的大智若愚。有些人是真糊涂，假聪明，这是一种小聪明，不是“难得糊涂”；有些人是假糊涂，真聪明，这才是一种大智慧，才是真正的“难得糊涂”。什么时候该清醒，什么时候该糊涂，能够把这个度拿捏得刚刚好的人，是真正的高人。

除了“难得糊涂”这句话是千古名言外，还有一句名言也极为著名：“诸葛一生惟谨慎，吕端大事不糊涂。”

吕端是北宋太宗年间的宰相。对于吕端的才干和为人，北宋开国元勋赵普是非常赞赏的。赵普曾说：“吾观吕公奏事，得佳赏，未尝喜，遏抑挫，未尝惧，真台辅之器也！”其实，作为宰相，真可以说是“一人之下，万人之上”了，然而，无论是当上宰相之后，还是没任宰相之前，吕端都保持着淡泊名利的处世之道。

而最为当朝和后世人称颂的是，吕端往往对小事总能装糊涂，从而让自己少了很多烦恼，多了很多快乐和平静。所谓的“吕端大事不糊涂”，其实就是说，吕端在小事上，是很愿意放下聪明，很懂得装糊涂的。事实上，吕端生平做的几件“难得糊涂”的事，还真值得我们为之侧目！

“难得糊涂”故事一：主动和寇准轮流执政

当时，和吕端同朝为官的还有名望很大的寇准，后者虽然办事果断、才能俱佳，但是性子有些刚烈。吕端担心因为自己得到皇帝的器重，当上了位高权重的宰相，从而令寇准的内心不平衡，耍起脾气来，令朝政受到影响，于是便奏请太宗另下了一道圣旨，让正担任参知政事的寇准和他轮流掌印，领班奏事，且两人一同到政事堂中议事。对于吕端的请求，太宗批准了。于是，寇准的情绪果然变得很平和。有权不争，反而让，真是“糊涂”。

“难得糊涂”故事二：主动把宰相之位让给寇准

后来有一天，太宗对文武百官说：“朝中大事要先交给吕宰相处理，然后再呈报给我。”但吕端在处理国家重大事情时，还是会主动跟寇准一起商量，从不独断专制。一段时间后，吕端甚至主动把宰相之位让给了寇准，自己转而当了参知政事。他的这种主动让权的行为，在世人眼中自然是“糊涂”极了。

“难得糊涂”故事三：被误会不申辩，被中伤不计较

有一次，太宗皇帝把大臣李惟清从掌管全国军事的枢密使换成了负责监察百官的御史中丞。这一调整看似职位没有升降，但手中掌握的实际权力却发生了翻天覆地的变化，李惟清认为这一切都是吕端在暗中使坏。于是，他趁吕端有病在家休养、没有上朝的机会，在太宗面前告了吕端一个恶状。

这件事很快就传到了吕端耳中，但吕端一笑置之，既没有一把鼻涕一把泪地跑到皇帝面前表忠心，也没有火冒三丈地找李惟清算账，而是淡淡地说：“吾直道而行，无所愧畏，风波之言不足虑也。”他这种不与别人计较的坦然心态，也被当时的有些人说是“糊涂到家了”。

吕端的“小事糊涂”还表现在他对个人利益、对自身名利淡然处之上的“糊涂”。虽然他备受皇帝的宠信，又坐到常人难以企及的高位，但是他为官清廉，从来没有做过贪污受贿的事情，就是为官时应得的那份俸禄，他也常常拿出一些去接济别人。以至于他去世之后，家中儿女因生活困窘而没有钱结婚，无奈之下只好拿房产抵押给别人。

当朝的真宗皇帝知道此事后，异常感动，就从皇家国库中支出了五百万钱把吕端家的房产赎了回来，另外又赏赐了他后人不少金银和丝绸，替吕家还清了旧账。这样一贫如洗的宰相，在世人的眼中又怎么不“糊涂”呢?

吕端虽然在小事上糊涂，不爱计较个人得失，也不与他人交恶，凡事淡然处之，但是面对国家大事时，他却比任何人都聪明睿智，高瞻远瞩。因此才会有了“吕端大事不糊涂”。

真聪明易求，假糊涂难得。吕端其实一点儿也不糊涂，他装糊涂，跟寇准分享权力，甚至让出宰相之位，是因为他知道这样做是最有利于北宋王朝的稳定和发展之举。而不跟李惟清计较，也是为了顾全大局。这样的“难得糊涂”，没有高尚的情操，没有淡泊的心态，是做不到的。

回到当下社会，我们都身处于充满了各种矛盾的社会，是非曲直很多时候并不容易分得清，如果不学会一套“难得糊涂”的智慧，不懂在纷争面前使出“刚刚好的糊涂”，不能适度地吃一点亏，就很容易被诸多烦恼纠缠，令人抓狂。唯有成为一个懂得吃亏、做人大气的人，才能在纷繁复杂的人情世故里游刃有余地行走。

## 生活感悟

人的一生太聪明、太看透，遇事太清醒、太认真，反会容易陷于是非得失的尘网里不能自拔，徒增烦恼。所以，适当时候我们必须学会吃“糊涂亏”，睁一只眼闭一只眼，不纠缠于枝节杂碎的琐事，对无关紧要的事网开一面，给矛盾留一丝缓和的空间，给生活增添一种朦胧的美。要知道，真聪明易求，假糊涂难得。

# 失去其实是得到，吃亏就是占便宜

> 与人共事，要学吃亏。俗云：终身让畔，不失一段。
>
> ——左宗棠

日本有一家叫奇士达的公司，其经营理念居然是："吃亏就是占便宜，所以情愿选择吃亏一途。"对于以追逐利益为目标的企业来说，这种经营理念实在令人难以置信。面对这种行善般的经营手法，很多人不免要怀疑了："这家公司开得下去吗？能有利润吗？"事实上，奇士达公司不但开得下去，利润还不断增长，企业也在快速地成长，只用了几年时间，就已经成了年营业额超过两千亿日元的绩优公司。

在商业社会里，逐利的本性使得所有企业都必然最怕赔钱，绝大多数企业都肯定不会主动去做吃亏的生意。奇士达公司的同行们也是这么想的，所以，那些没有"油水"可捞的生意，他们绝不会去做。然而，奇士达公司却将这些没有人愿意做的生意都承接了下来。由于没有了竞争对手，生意反而大好。

在公司社长铃木清一的这种"良心经营"理念的指导下，奇士达公司不但为社会提供了好产品，也为自己带来了财富。同行的许多公司都不愿意吃亏，而奇士达却因为做"吃亏"的生意，给自己带来了源源不断的商机。

做企业需要学会"吃亏"经营，其实做人又何尝不需要"吃亏"经营呢？企业往往会先看看一个生意能赚多少钱，然后才会决定去不去做，而很多人则往往会看做一件事是否会"吃亏"，然后才决定做不做它。然而，如果觉得"吃亏"就不去做它，那么你就很难体会到"吃亏是福"的真义。

吃亏应该让人压抑才对啊，怎么就"吃"出福气了呢？这是因为，不能吃亏的人，在是非纷争中过于精明，锱铢必较，只看局限在"不亏"的狭隘的自我思维中，这种心理会蒙蔽他的双眼，束缚他的心灵；而吃亏换来的是心灵的平和与宁静，也会赢得别人的爱戴和尊敬，那无疑是获得了人生的幸福。

如果我们深谙“难得糊涂”的哲学，就会发现，吃亏就是占便宜，失去其实是得到。生活中有很多事情，表面上是“亏”的，其实从长远和本质上来看，是“赚”的。而且，越是别人觉得吃亏不愿意做的事情，越是有无限发展的可能，因为人们常常忽略了这种事情，所以机会才更大，好处才更多。

从前，有个人总是抱怨上天对自己很不公平。他认为，所有人都在欺负他，占他便宜，而他觉得自己总是忍辱负重，忍受了很多不能忍受的东西。他去向村里的智者诉苦，智者并没有对他说出一套长篇大论，而是只说了一句话，让他自己回去悟：“吃亏就是占便宜，失去其实是得到。”

这个人刚开始对这句话很不相信，直到后来命运给了他一个很好的机会。原来，由于地理气候的变化，村子里开始缺水，只能到附近一座山的山脚下去挑水，但村子里其他人都觉得去挑水很吃亏，所以都不想去挑，于是大家让他一个人去，每挑一桶水就付给他多少多少钱。这时他突然想起了智者说过的那句话，于是他不再认为自己这样做是在吃亏，而是认为自己是在占便宜，然后开始努力地去挑水。

因此，村里人都开始慢慢地尊敬这个人，对他给予一致的好评。再后来的一天，这个人发现河底似乎有对着阳光闪耀的石头，他有些好奇地从河底弄了一些泥沙起来，寻找着自己看上的那石头……他伸手将这块小小的石头捡起来，仔细查看，没想到居然是一块宝石。这是一条矿藏流经的河流。后来他将这个告诉了记者，并带着记者一起寻找宝石。他们再次找到了许多，相关勘探组也过来了，最后确定了宝石矿产所在地，当然这个人也因此幸运地成了村子里最富有的人。

收获与付出总是相伴而行，却不可能总是对等，自然会有得也有失，既不会有全得，也不会是全失，而是得中有失，失中有得。吃亏则是收获与付出之间的平衡，是得与失中的理性，是一种“刚刚好的糊涂”。更准确地说，吃亏是一种拿银子换钻石的投资，舍得“吃亏”，我们日后才能够获得更多的回报。

在生活中，有三种人是不肯吃亏的：第一种是肚量很小的人。这种人由于过分计较得失，吃了亏后很容易想不开，整天茶饭不思；第二种是火气很大的人。这种人吃亏之后轻则破口大骂，重则大打出手，将事情弄得不可收拾；第三种是心眼很小的人，吃了亏后就要睚眦必报，常常让与其共事的人怨声载道，结果失去了人缘，让自己因小失大。

如果你是以上三种人中的一种，请及时改正自己。在顾全大局的前提下，不要简单地把眼光放在是否吃亏和占便宜上，不要斤斤计较于个人的得失，更不要患得患失，此时不妨难得糊涂，学会吃适度的亏。你要相信，上天给你关上一扇暂时不需要出入的门时，也会为你打开一扇迎进新机会的窗。

在生活中，没有绝对的失去，也没有永远的拥有。在得到的过程中往往也会不同程度地经历着失去。今天的失去，其实是为了明天的得到；现在的“吃亏”，其实是为了未来的“占大便宜”。难得糊涂，不计较个人得失，这样既提升了自己的境界，又赢得了他人的尊重，换来了一片和谐与处处助力的生存环境。这样看来，难得糊涂，学会吃亏，还是很值得做的。

## 生活感悟

吃亏得福，吃小亏得小福，吃大亏得大福。看淡那些琐碎的利益纠葛，看淡那些眼前的机会和好处，不要简单地把眼光放在是否吃亏和占便宜上，更加注重事业长远的发展和自己与身边人群的和谐融洽。这是一种理性面对得失和追求的选择，是一种难得糊涂的睿智境界，更是一种超越绝大多数人格局的大智慧。

# 退让不是软弱，妥协不是耻辱

处世让一步为高，待人宽一分是福。

——民间俗语

话说有一对夫妻，常会为了一点芝麻小事而吵架，谁也不肯先让步，吵到最后总是两败俱伤。有一天他们吵得特别凶，男的开口说要是再吵架我们就离婚吧，女人也不示弱，说离就离，谁怕谁。但是，一想到双方这些年来已经有了这么深的感情都还老吵架，要是离婚找了别人还不更吵。

有一天，两个人决定出去旅游一趟，想以此来挽救自己的婚姻。两人来到寒温带的一条南北向的山谷，惊奇地发现山谷的东坡长满了松树、女贞、桦树，西坡只有雪松。为什么东、西坡差别这么大呢？他们发现雪松枝条柔软，积雪多了枝条就压弯了，雪掉下去后就又复原了。别的树硬挺，最后树枝都被雪压断了，树也死了。这时候，两人突然明白了，压力太大的时候要学会弯曲，不能硬挺的时候要学会退让。

这时丈夫赶快向妻子检讨说，都是我不好，我做得不对。妻子一听丈夫检讨了，也马上说道，我做得也不够。于是乎，双方再也不计较对方过去的种种不好，突然变得什么矛盾也没有发生过似的，从此和好如初。

为什么亲如夫妻的两个人还会经常吵架呢？如果说两个人不爱对方了，还可以解释得了，但明明是相爱的两个人，却吵个不休，这是为何呢？原因就是，双方都计较对方的不对，绝不退让，毫不妥协。为什么不肯不愿退让、妥协？因为都觉得退让了就是吃亏了，妥协了就是没面子了。

然而，在生活中，如果想多一些和谐与快乐，少一些纷争与苦恼，我们一定要学会适时的退让和适当的妥协。为什么呢？因为适时的退让与妥协，才能化解矛盾，驱走烦恼。退让与妥协都不是贬义词，更不是耻辱，它们是一种难得糊涂的智慧，一种化解矛盾获得和谐的好方法。

清晨，有位居士抱着一束鲜花和一袋供果，兴冲冲地来到龙泉寺，想参加寺院的早课。没想到，当他刚踏进大殿时，就和迎面跑过来的另一位施主撞了个满怀，手上捧着的鲜花和水果全都被撞翻在了地。居士看着满地的鲜花和水果，忍不住叫了起来："你看你！怎么这么不小心呢？你把我供佛的鲜花和水果全都撞翻了，你说怎么办吧？"

那位施主也不示弱："我顶多说声对不起就够了，你干嘛这么凶啊？"

两个人开始对骂起来，声音越来越大。本来是很小的事，由于两个人的互不相让，弄得整个寺院都不得安宁。

这时，住持正好经过这里，问明原委后，微笑着劝说道："互不相让并不能证明什么，因为互不相让并不等于强大，退让也不等于软弱。承认自己的过失并接受别人的道歉，才是智者之举动；能相互谦让，才是君子之风。为了一点小事破坏了一片虔诚，值得吗？"听到这里，两人都惭愧不已。

退让不是软弱，妥协不是耻辱；退让不是躲避，妥协不是畏缩；退让不会吃亏，妥协不会受损。学会退让和妥协是一种明智、务实的选择，要比宁折不弯要少受很多痛苦，我们不会损失什么东西，却可以远离人际纷扰与祸端。既然如此，又何乐而不为呢？

只要我们留心观察就会发现，绝大多数时候，人与人之间的约定，企业与企业之间的合同，国家与国家之间的合作，都是双方经过多次妥协之后才能达成一致的。在国际事务中，两个剑拔弩张的敌对国家，各自做出让步而化敌为友，全世界都会为之鼓掌叫好，没有一方会被国际舆论认为是懦夫。

铃木集团成立于 1920 年，1952 年开始生产摩托车，1955 年开始生产汽车，如今是日本著名企业之一，每天都在向全世界的客户提供着优质的产品。但在创业之初，这家公司却遇到了不小的麻烦。有一次，铃木集团总裁铃木太郎与西门子进行商务谈判时，双方陷入到了困境之中，原因是西门子公司坚持技术使用费提成率要占到销售总额的 9%，铃木太郎不赞成这一提案，建议将提成率降低到 5%。

虽然西门子公司答应了铃木太郎的请求，但是合同文本的主动权掌握在他们公司手中，不仅许多条款都是偏向自己公司的，而且他们又提出了新的要求，即把技术转让费定为 60 万美元，并且要一次性付清。当时铃木电器公司的总资本不超过 4 亿日元，而 60 万美元的技术转让费，相当于 2 亿日元，这笔沉重的技术转让费，对于刚刚起步的铃木公司来说是一个相当沉重的负担。

巨额的费用，让铃木太郎陷入了两难的选择。如果答应，公司必将陷入财务危机，一场灾难势必在劫难逃；如果不答应，则公司就会失去一次发展壮大的好时机。在这种形势对自己十分不利的情况下，铃木太郎高瞻远瞩地指出，懂得退让才知进取，于是大胆接受了西门子公司的苛刻条约。由于铃木公司从西门子公司获得了最新研究成果，所以当时世界上最先进的科技成果，几乎都有铃木公司的参与，这为他们的发展打下了坚实的基础。可以这样说，双方的合作使铃木公司开始确立了国际大公司的地位。

表面上看，一开始铃木集团做出了妥协和让步，似乎处于下风，但事实证明，铃木太郎才是这场没有硝烟的战争中最大的赢家。如果不是这次退让，那么铃木集团很难成为如今一家全球知名企业。

用争斗的方式，我们永远得不到满足；但是用退让的方式，我们得到的会比期望的更多。人生路上难免磕磕碰碰，乱石穿空，困难挡道。诚然，奋勇前进，攻坚克难是坚强人生的定义之一，但一味顽固坚守往往让人丧失信心，消磨斗志。适度地妥协于不如意的现状，在妥协中拓展生命的宽度，提升生命的高度，增加生命的温度，方能在人生路上闲庭信步，臻于完美。

### 生活感悟

天下的江河很少有直来直去的，几乎都是拐来拐去前行的。为什么？因为水要跟大地妥协。遇水中汀渚，分流而汇；遇巍峨高山，盘绕而行。当然，最后水还是往东流了，成势不可当之态归入大海。由此观之，妥协是为了更好地坚守自己最终目标的达成，是一种以退为进的好方法，是一种难得糊涂的大智慧。

# 睁眼看美景，闭眼消无奈

> 过于烦恼和过于愉悦都是过高评价世界的方式，前者比后者更糟。
>
> ——英国政治家 哈利法克斯

春秋时期，圣人孔子领着众弟子周游列国。有一天，孔子一行人看到有两个猎人在指手画脚，好像正在为了一件什么事而争论得面红耳赤，唾沫横飞。孔子询问他们在争论什么。很快他就搞清楚了事情的原委，原来这两个人是在为了一道算术题而吵个不休。

矮个猎人认为，三八等于二十四。高个猎人则坚持说，三八等于二十三。这两个人各持己见，争论不休，谁也说不服谁，甚至就要动起手来了。最后，这二人都跟对方打赌，说自己的看法是正确的，并要请一个圣贤来作裁定，如果谁的答案正确，对方就将一天的猎物送给胜者。这时，孔子来了。二人便请孔圣人裁定。

没想到，孔子竟然叫认为三八等于二十四的猎人将猎物交给了说三八等于二十三的猎人。认为三八等于二十三的这个猎人高兴地带上自己以及赢来的猎物，走了。

这种裁判，输了的矮个猎人当然不答应了，他气愤地说："三八二十四，这是连小孩子都不争论的真理，你是圣人，却认为三八等于二十三，看样子也是徒有虚名呀！"

孔子笑道："你说得没错，三八等于二十四是小孩子都不争论的真理，你坚持真理就行了，干吗还要与一个根本就不值得认真对待的人讨论这种不用讨论也再明显不过的问题呢？"

矮个猎人听了这番话后，似有所悟。这时，孔子拍了拍他的肩膀，说："那个人虽然得到了你的猎物，但却得到了一生的糊涂；你是失去了猎物，却得到了深刻的教训！"矮个猎人听了孔圣人的话，若有所思地点了点头，然后也回家了。

这个故事告诉我们，在没必要争论的时候，不妨表现出"刚刚好的糊涂"，也就是"难得糊涂"，退让一步，让对方赢。矮个猎人虽然知道三八等于二十四，却不知道自己是无论如何也说不服那个三八等于二十三的高个猎人的。这个时候，如果硬要表现得自己比对方聪明，结果只能是争论不休，谁也说不服谁，甚至可能大打出手。与其这样，还不如“难得糊涂”，退让一步，让对方以为三八等于二十三，自己也乐得消停和耳根清静。

这是在古代，其实即使在时下，我们也常常会遇到一些让人无奈的事情，或者碰上一些明知道对方是错的却怎么也纠正不了对方的事。这个时候，最可行的方法就是——难得糊涂，顺其自然，随它去。

难得糊涂，退让一步，看似吃了亏，实则非常高明。一个人不可能处处锋芒太露，否则很容易引起别人的嫉恨。而且，人们都愿意与单纯的人交往，跟过于聪明、总是爱占别人便宜的人打交道时，人们往往会小心谨慎，提高警惕，加以防范，因为害怕被欺骗、被愚弄。而一个大智若愚的人，反而更容易被人接受，愿意被当成好朋友，并获得热情的帮助。如果我们也能做这样的人，我们的人生之路就会少很多阻力与坎坷。

开篇的故事里，孔圣人除了告诉我们该如何为人外，还告诉了我们怎样消除烦恼。刚才那个故事里的矮个猎人，就是在自寻烦恼。而孔圣人的解决办法，就是在用“难得糊涂”的方式，去消解烦恼。这种“难得糊涂”的方法，还可以用一句更通俗的话来诠释，那就是“睁眼看美景，闭眼消无奈”。

用睁开的眼睛巡视世界的美丽，用闭着的眼睛消泯世间的无奈。能够做到这一点的人，就算是真正地读懂了人生，活出了明白，懂得什么是“刚刚好的糊涂”。如果争下去毫无意义，就主动退让一步，吃适度的亏，“闭眼消无奈”。

做人做事，最好别太过争强好胜，面对无奈的情况时，不妨在“睁眼”“闭眼”之间找到一个平衡的支点，作一个刚刚好的处理。面对无法改变的局面时，不妨学一点“难得糊涂”的智慧，睁眼看看美景，闭眼去消无奈，多干点有意义的事，多活出点快乐的心情。

## 生活感悟

生活在这个伟大的人世间的我们，时间、精力和生命都是极其有限的，何必浪费时间在那不必要的人与事上呢？还是多去看看丰富生动的美景，做做有意义的事情，这样才没有浪费生命赋予我们的价值。如若一味在很快就会被所有人忘记的矛盾、不快、摩擦上生气、计较，那我们的生活也就只剩下烦恼了。怎么远离这些浪费生命的人和事呢？难得糊涂，吃适度的亏。

## 幸福不是拥有的多，而是计较的少

幸福不是拥有的多，而是计较的少。
——SOHO 中国董事长 潘石屹

连续工作了一个月，这个周末琳岩终于可以休息一下了。早上起床后，她正打电话问候自己的好友，可是调皮的儿子却拽着她的衣角不停地问一些问题，烦躁的她忍不住粗暴地挂上电话，对儿子进行了一阵劈头盖脸的指责。结果儿子开始不停地抽泣，而丈夫则指出琳岩的行为有些过分了。顿时，琳岩的大好心情被破坏了。她一直想着这件事情，结果由于心不在焉，倒牛奶时不小心洒了烫到了自己，琳岩十分火大，认为都是因为儿子和丈夫的吵闹使得她的心情变得十分糟糕。

事情还不止这样。洗碗的时候，琳岩还打碎了一只杯子，虽然不值几个钱，但她简直要崩溃了。就这样，琳岩几乎一整天都没有什么好心情，她带着火气擦地、整理衣物，时不时教训着儿子，也没有心情和丈夫说一句话。结果，丈夫被搞得莫名其妙，干脆出去找朋友下象棋了，这让琳岩更加闹心，觉得丈夫不在乎自己，便打电话找朋友哭诉了一番。

晚上睡觉前，她还不停地抱怨这一天发生的事情，“都怨儿子淘气，都怨丈夫不贴心，好好的周末居然被搞得如此糟糕。”

琳岩被牛奶烫到了，打碎了一只杯子，对丈夫不理不睬，原本好好的周末结果在不愉快中度过了，而这些仅仅是因为儿子的哭闹，这件小事惹恼了她。这就像作家肖剑所说的一句话：“很多时候，让我们疲惫的并不是脚下的高山与漫长的旅途，而是自己鞋里的一粒微小的沙砾。”

生活中有许多琐碎的、像“小跳蚤”般的小事，它们虽不致死，但如果我们总是紧抓着不放，凡事都要斤斤计较，内心苦闷的情绪无法得到释放，就等于在无形中夸大了小事的重要性，只会给自己套上精神枷锁，使自己感到愤怒、苦恼和伤心，最终也会损害自己在众人眼中的形象。计较是一块吸引烦恼的磁铁，想要摆脱烦恼，请马上把这块磁铁扔掉！

明朝年间，江苏常州有位姓尤的老翁开了间当铺，生意一直很不错。有一年，年关将近。一天，尤翁忽然听见铺堂上人声嘈杂，走出来一看才发现，原来是站柜台的伙计同一个邻居吵了起来。伙计连忙上前对尤翁说："这个人前些时候典当了些东西，今天空手来取典当之物，不给就破口大骂，一点道理都不讲。"

那个人见了尤翁，仍然骂骂咧咧。没想到，尤翁毫不计较。他不但没有生气，还笑脸相迎，好言好语地对那个人说："我晓得你的意思，不过是为了度过年关嘛。咱们街坊邻居，区区小事，还用得着争吵吗？"然后，叫伙计找出那个人典当的东西，共有四五件，其中有棉袄、长袍等衣物，也有别的一些东西。尤翁指着其中的棉袄说："这是过冬不可少的衣服。"又指着长袍说："这件给你拜年用的，其他东西现在不急用，不如暂放在这里，棉袄、长袍先拿回去穿吧！"

那个人拿了两件衣服，一声不吭地走了。当天夜里，他竟突然死在了常州一个商人李甲家里。为此，死者的亲属同李甲打了一年多官司，害得李甲花了不少冤枉钱。原来，那个人欠了别人很多债，无法偿还，走投无路，事先已经服毒，知道尤家家道殷实，想用死来敲诈一笔钱财，结果只得到了两件衣服。走出尤翁的当铺后，他只好到另一家也就是李甲家去扯皮，结果李甲的家人不肯相让，于是那个人就死在了那里。

后来有人问尤翁："你怎么能有如此先见之明，向这种人低头呢？"尤翁回答说："凡是蛮横无理来挑衅的人，他一定是有所恃而来的。世间的许多问题本身是没有明确答案的，是是非非是说不清道不明的。如果在小事上争强斗胜，那么灾祸就可能接踵而至。"大家听了他的这一席话后，无不对他佩服不已。

计较惹祸，不争招福。佛教史上有一则脍炙人口的典故——唐代高僧寒山与拾得的一段问答。

寒山问："世间谤我、欺我、辱我、笑我、轻我、贱我、恶我、骗我，如何处治乎？"

拾得答："忍他、让他、由他、避他、耐他、敬他、不要理他，再待几年，你且看他。"

这段对话充满了"难得糊涂"的智慧，告诉了世人怎样去表现自己"刚刚好的糊涂"，那就是，学会不计较，懂得吃适度的亏，能够忍让。

其实人生在世不称意，鸡毛蒜皮的事情很多，我们总是被苦恼缠绕，真的是自己缺少了什么吗？当然不是，皆是因为我们太过计较——得失的计较，有无的计较，好坏的计较，进而搅乱了我们内心的宁静。而一个快乐幸福的人，不是因为他拥有的东西多，而是因为他很少去计较，与人无争。

认识到这一点，我们不妨把心胸放宽一些，以一种包容的心态去面对身边的人与事，不必太过于计较，尤其是对于一些根本无伤大雅的小问题，更没有必要非得去与别人争。如此，就能够容纳和理解世上的对错、是非，也就自然可以避免许多烦扰，没有烦扰的介入，内心自然会清静不少。

让我们用“刚刚好的糊涂”，将所有的烦恼与纷争都拒之门外，将不计较的活法儿照射进自己的人生，那样即使生活中有令我们不满意的一面，即使我们无法取得过人的成绩，依然可以凭借淡泊豁达的心态，让自己的人生充满刚刚好的幸福，安然享受刚刚好的快意。

## 生活感悟

人生苦短，世事无常。何必事事那么在乎，更不必处处那么计较。不计较，就不会将自己拉入争斗的旋涡，不被尔虞我诈所累；不计较，就不会树立太多敌人，不会时时遭人陷害；不计较，就能节省大量的时间，精力充沛地做自己想做的事。少一分计较，多一分退让，看似吃了亏，其实多了一份安静平和，少了许多矛盾纷争，得远多于失。

# 宽恕比责罚有效，原谅比报复高明

> 一个伟大的人有两颗心：一颗心流血，一颗心宽容。
>
> ——黎巴嫩诗人　纪伯伦

弘一禅师德高望众，备受大家尊崇。有一次，他的一个弟子因为行窃被人抓住了。大家认为，这个人有辱师父的教诲，纷纷要求将这个弟子逐出师门。但是，弘一禅师没有这样做，而是毫不计较，用自己的宽厚仁慈之心原谅了这个弟子。

可是没过多久，这个弟子竟然又屡教不改，再一次因为偷窃被抓住。众人认为，他旧习难改，要求给予他重罚。但是，弘一禅师还是没有处罚他。其他弟子均不服，他们联名上书请求禅师重罚此人，否则大家将集体离开，以示抗议。

神师看了他们的联名上书后，便把弟子们都叫到自己跟前来，说："你们都觉得他的行为是错的，这说明你们都能够明辨是非，这使我感到很欣慰。你们虽然是我的弟子，但是如果你们认为我教得不好，完全可以去别的地方。可是，我不能不管那个行窃的弟子，因为他还不能明辨是非。如果我不来教他，还有谁会来教他呢？因此，即使你们都离开了我，我也不能让他离开，因为他需要我的教诲。"

那位偷窃者听了弘一禅师的话，感动得热泪盈眶，从此痛改前非，洗心革面，重新做人。

这就是弘一禅师的度量，他以宽容代替责罚，给犯过错的弟子提供了冷静反省的空间，从而使其幡然醒悟，自戒自律。从这个意义上来说，宽容也是一种无声的教育。弘一禅师此举，很好地体现了"难得糊涂"的智慧。面对他人的错误时，我们不是对其进行严厉的呵斥与责罚，而是"难得糊涂"，用宽容和仁慈去感化犯错者，令其从内心深处感到羞愧，从而真心悔改自己的行为。

在生活中，每个人都难免会有过失、做错事、冒犯他人的时候，如果这时你处在有理的一方、得势的一方、管束人和裁决者的一方，你会怎样做呢？尤其是他们的那些错误或什么事情牵涉到了你的利益时，甚至他们与你有着深仇大恨时，你将会怎么样做？你是有些得意，刻薄刁难呢？还是难得糊涂，不计较，不去为难对方，给对方一个台阶下，放过对方，即使是仇人也放他一马？

不同的人可能有不同的做法，一般来说，心胸狭窄的人不愿意宽容或原谅别人，总是喜欢斤斤计较，睚眦必报。若是能抓住别人的把柄，他们肯定不会放过，并借此大做文章。然而，心胸广阔、做人大度的人，往往会选择难得糊涂，不计较，用宽厚仁慈的心去对待之，因为他们知道，很多时候，难得糊涂，不计较，“放过”了犯错的、冒犯了自己的人，其实是对其最有效的教训和惩罚。

班超是我国历史上著名的军事家和外交家，很多人对他“投笔从戎”的故事非常熟悉，其实班超也是一位胸怀广阔、为人大度、从不计较的人。

话说当年，当班超决定把自己事业的基础建筑在西域时，便在皇帝的同意下，统兵远征西域。没想到，朝中大臣李邑却在皇帝面前进班超的谗言，说他的远征是难以成功的，而且指出他携着爱妻，带着爱子，是为了在外面享受安乐，并没有要为大汉立功的心思，另外又说了许多子虚乌有的故事，想构陷班超，让皇帝治他的罪。幸而皇帝没听信李邑的话，后来李邑的所作所为被班超知道了，班超便遣送爱妻爱子回京城，以示要为大汉立功之心。

后来，李邑因事奉旨到西域，诏书中说班超可以留李邑为从事。如果是一般人来处理这样的事，肯定会认为李邑是班超事业前途中的一个敌手和绊脚石，如今有大好机会能奉诏留下李邑，当然不能放过了。因为留下了李邑，就有机会追究他从前的谗毁之罪，还能让以后他没机会在朝廷上给自己使坏。甚至还能找机会给他“穿小鞋”，让他多吃点苦头，以解自己的心头之恨。但是班超并没有这样做，反而让他护送乌孙侍子回京师。

也许在旁人看来，班超“放虎归山”之举实在是糊涂至极。但班超却认为，自己问心无愧，所以不害怕他回朝廷后继续害自己。同时，正直的他更希望自己能用以德报怨的方式，来解决这件事。后来，不仅李邑被班超以德报怨的做法感化，回京再也没有无事生非，班超手下的人也都被班超伟大的人格所征服，竭尽全力地帮助班超建功立业。正是如此，班超才得以名垂青史。

面对别人的错误和过失，如果我们总是奋起反击，结果只会导致双方之间的仇怨积得越来越深，越来越难以化解罢了。而且，总是和对方一样睚眦必报，自己的境界不也和对方一样低了吗？如果对每一个得罪过、伤害过自己的人都“赶尽杀绝”，岂不是反而会增添更多的烦恼与麻烦？

大海因宽容而成就自己的浩瀚，天空因宽容世间万物而辽阔，人的胸襟也应因宽容别人而宽广。当你能够难得糊涂，用一颗宽容的心，原谅别人的过失，帮助别人改正错误，其实也是在给自己创造一个宽松和谐的环境。你会发现，即使对方的心像冰一样，也会被你宽容的心所融化，而成为你最忠实的朋友。

宽恕比责罚有效，原谅比报复高明。天下没有解不开的疙瘩，没有过不去的火焰山，更没有打不破的坚冰，一切前提和基础就在于，难得糊涂肯吃亏，宽容大度不计较。所以，还是难得糊涂，不去计较，宽以待人，得饶人处且饶人吧。还是佛陀说得好：“以恨报怨，怨恨就无穷尽；以德报怨，怨恨就会化解无存。”

## 生活感悟

在漫长的人生旅途中，我们之所以总是烦恼缠身，总是充满痛苦，总有那么多的不满意和不如意，多半是因为我们不懂得或不善于宽容待人。难得糊涂，胸襟宽广，少结冤家，不予计较，以德报怨，许多烦恼琐事就会不战自败，许多误解伤害就会烟消云散！

# 为别人多做一点，下个幸运者就是你

> 你要记住，永远要愉快地多给别人，少从别人那里拿取。
>
> ——苏联著名作家 高尔基

大学毕业后，米亚被分配到德国大使馆做接线员。小小的接线员，这在很多人眼里，是一份很没出息的工作，但米亚却在这个普通的工作上做出了不俗的成绩。

工作一段时间后，米亚就将大使馆里所有人的名字、电话、工作范围，甚至他们家属的名字都背得滚瓜烂熟。只要一有电话打进来，无论对方有什么复杂的事情，她总是能在30秒之内帮对方准确地找到人。

由于米亚工作出色，使馆人员们都很放心，他们有事要外出时，并不是告诉他们的秘书，而是给米亚打电话，告诉她如果有人来电话请转告哪些哪些事情，米亚逐渐成了大使馆全面负责的留言中心的秘书。

一年后，工作出色的米亚获得了大使馆的嘉奖，并被破格升调到了外交部。

米亚之所以受到所有人的欢迎，得到大使馆的重用，我们不可否认她是如此的幸运，但这幸运是平白无故来的吗？不是。是她主动“吸引”来的，她没有仅仅满足于做好自己的工作，在做好接线员工作的同时，还懂得为别人多付出一点——她多记住了一些电话号码，多记住了一些人名，等等。

多为别人付出一点，总是要付出一定精力和时间的，这是很多“聪明人”所不愿意做的，认为这样做很吃亏。但有些“笨人”偏偏乐于吃亏，总是爱不求回报地主动付出，总能为别人多想一点，多付出一点，结果收获了大家的尊重和敬意，收获了无数人对自己的投桃报李。这种爱吃亏的“笨人”，所表现出来的其实是一种大智慧——难得糊涂的大智慧。

不知你是否有过这样的体验：在与朋友相处的过程中，多一声问候和祝福，多一点体贴和照顾；当朋友不高兴的时候，多给他一点安慰，一点帮助……那么，于我们的生活，我们的工作，都会方便许多，你的人际关系将少了争吵，多了理解；少了矛盾，多了和谐，最终，获得良好的人缘便是水到渠成的事。

每个人的人生道路都不可能是一帆风顺的，总会有顺境和逆境。当一个人处于人生的低谷时，千万不要对他置之不理，而要及时伸出援手。也许这时我们出的力气，比我们平时出十倍的力气更容易结交他。因为你是在他最需要帮助的时候，给了他最需要的东西，这样的恩情尤为珍贵。

老王经营的一家公司被卷入了一场官司，造成公司资不抵债，一夜之间破产了。老王辛辛苦苦几十年，转眼回到解放前。那一阵子，他的心情别提有多糟糕了，每天都借酒消愁，没有了昔日的雄风。

在一次朋友的聚会上，老王叹着气说："想想我现在的情况，我自己辛辛苦苦经营的价值几百万的公司，顷刻之间就没了，执照也被吊销了。树倒猢狲散，员工也散了。我现在要想翻身，难啊。"在座的很多朋友不是说一些安慰的话，就是和老王哭穷，生怕老王找他们借钱。

这时候，经营酒店生意的朋友马总发言了："你开的不是报关公司吗？虽然公司垮了，但是你的老客户不是还在吗？场地的问题你不用担心，由我来帮你解决，反正我的酒店很少客满，我给你腾出两间做办公室，租金等你赚了钱再说。"

又有一个朋友顾总说："我手上有些闲钱，你先拿去作为注册资金吧。"

老王不知道该说什么好，他感动得热泪盈眶，没想到平常不怎么联系的这两位朋友能在关键时刻鼎力相助自己。

在这两位朋友的帮助下，老王很快东山再起，又重振了昔日的雄风。当然，他没有忘记马总和顾总，不仅将他们看作是自己最好的朋友，而且大力赞助他们的生意。三个人都把公司经营得红红火火。

老王本来已经一无所有了，唯独马总和顾总不离不弃，对他鼎力相助，帮助他走出人生的困境，让他东山再起。将心比心，老王东山再起之后，能忘记那两位朋友吗？能亏待那两位朋友吗？患难见真情，只有当灾难真的来临时，我们才知道谁是我们真正的朋友。

种瓜得瓜，种豆得豆。付出多少，回报就会有多少。我们每个人的一生都不是孤零零地存在于这个世界上的，我们其实生活在社会这个大家庭里。永远不要吝啬你的付出，永远不要吝啬你的善意，及时地给予身边的人帮助和支持，哪怕是多付出一点点。

这些行为看起来似乎有点吃亏，其实充满了“难得糊涂”的大智慧，长远来看你一定会明白自己是在“占大便宜”。

总之，当你把爱的阳光传递给别人时，即使微不足道，你的内心也会被阳光照亮，收获满满的暖意。当你把力所能及的帮助给予别人时，你其实已经埋下了一颗颗善意的种子，终有一天，这些种子会长成参天大树，形成只属于你的森林。

## 生活感悟

腰缠万贯不会使你名垂青史，唯有付出能让你万古流芳。“赠人玫瑰之手，经久犹有余香。”做人要多言耕耘少言收获。哪怕一件很平凡微小的事情，哪怕如同赠人一支玫瑰般微不足道，但它带来的温馨都会在赠花人和爱花人的心底慢慢升腾、弥漫、覆盖，生命也会因此更为芬芳。

# 容忍自己般容忍别人，人缘就好得超乎想象

> 人无完人，每个人都有自己的缺点，而且别人的缺点我们无法选择，但是我们应该去包容他。
>
> ——电影《玛丽和马克思》

在大森林里，许多小动物都要毕业了，小兔子也是一样。不过小兔子还有一门功课的考试还没有完成，考试的题目是要它找一个朋友。小兔子心想：不就是找个朋友嘛？这还难得住我啊？看我的！

于是，小兔子开始为了完成考试任务而东奔西走。它在池塘边遇到了小乌龟，小乌龟正在和小伙伴们玩“捉迷藏”游戏，它邀请小兔子和它们一起玩，小兔子心想：它们爬得那么慢，跟它们在一起肯定会很麻烦，于是小兔子说：“我还有事要办，你们玩吧。”说完它就走了。

小兔子继续往前走，来到了一片桃树林，它正在桃树底下想该找谁做朋友，只听见“嗖”的一声，一个大桃子砸在了它的头上，疼得它大叫了起来：“是谁啊！是谁乱扔桃子砸了我的头？”小猴子爬了出来说：“是我，和我一起玩吧。”说着又丢给了小兔子一个桃子。小兔子想：小猴子虽然不像乌龟那么慢吞吞的，但它太调皮了，又爱捉弄人，于是它又跑开了。

小兔子走着走着，遇到了小猪。小猪叫它和自己一起玩，可是小兔子看见小猪躺在粪坑旁边，它觉得小猪太脏了，于是它又拒绝了。后来，小兔子又遇到了长颈鹿、青蛙、河马，它们都邀请小兔子和它们做朋友，可是都被小兔子一一拒绝了，它不是嫌它们这个缺点就是嫌它们那个缺点。时间过得很快，最终小兔子一个朋友也没有找到。

小兔子为什么连一个朋友都找不到？原因很简单，因为它一直盯着别人的缺点不放，对别人的缺点过于计较，嫌弃乌龟爬得慢，嫌弃小猴子太调皮，等等。其实，要是它能多一些宽容，遇到的那些动物都可以和它成为好朋友，不是吗？

在这个世界上，我们找不到一片完美的树叶，人也一样。正所谓“金无足赤，人无完人”。世界上没有绝对完美的人，每个人都会有各种各样的缺点和不足。如果我们对别人的缺点过于计较，总觉得别人有这样那样的不足，我们也将失去别人对我们的好感，如此也就没有人肯和我们做朋友了。

奇怪的是，我们对自己的审视，往往不如看别人那么严格。例如，我们很容易原谅自己的一些缺点，即使那些缺点是很严重的。这是因为，无论我们自己是好是坏，我们都会容忍自己。例如，假使我们发现别人说谎，我们的谴责是何等的激烈啊，可是我们有哪个人敢说自己从小到大都没有说过一次谎?

因此，不要放大别人的缺点，请难得糊涂，对其睁一只眼闭一只眼吧。其实，只要我们的朋友有值得我们欣赏的地方，我们就应该包容他们的缺点，这也是我们在交际过程中的首要原则。友谊是在对彼此欣赏的基础之上建立起来的，当我们在欣赏别人的优点的同时，也要包容别人的缺点和不足。像容忍自己一样去容忍别人，你就会发现每个人都是优秀的人，你的人缘将好得超乎你的想象。

电影《玛丽和马克思》讲述的是笔友之间20多年的友情故事。在这部充满温情的电影里，我们或许可以学会如何对待朋友的缺点。

澳大利亚女孩玛丽不爱与人说话，遭到了朋友们的孤立，而她的父母又只是各自忙着自己的事情，对她不理不睬，从而导致她成了一个孤独的小孩。

有一次，她跟着妈妈去过邮局后，决定交一个笔友。她通过黄页找到了居住在美国的一个名为马克思的人，并写信给他询问各种奇怪的问题。

马克思收到了玛丽的来信，很快两人就成了好朋友，通过信件互相倾诉。在马克思的开导下，玛丽渐渐开朗了起来，还在大学里取得了优异的成绩，也终于向自己一直暗恋的邻居表白并结了婚，生活越来越好。

与此同时，通过长时间的通信，玛丽了解到马克思因为童年阴影及精神因素性格孤僻，为了求名，她以马克思作为精神病案例出版了一本新书，并取得了很大的成功。然后，玛丽将新书寄给了马克思，希望能治好他的病。马克思觉得自己受了玛丽的欺骗，十分愤怒地和她绝交了。

玛丽没有想到自己居然给朋友带来了这么大的伤害，她将自己的著作全部销毁后，整天只是浑浑噩噩地等着马克思的再次来信。

就在她对这份友情完全失去了希望，准备了断自己时，马克思终于来信了——“我考虑了很久，最终选择原谅你了，我之所以原谅你，是因为你不是完人。你并不完美，如我一样。人无完人，每个人都有自己的缺点，而且别人的缺点我们无法选择，但是我们应该去包容他，可以选择自己的朋友。很高兴我选择了你。你是我最好的朋友……”

每个人优点或缺点的存在其实都是刚刚好，因为优点和缺点只是相对而言。同样一个特点，在这件事上是优点，在那件事上可能就是缺点；在这个阶段是优点，在那个阶段又是缺点。所以，学会如何看待别人的缺点，对每一个人都很有必要。

上天给了我们两只眼睛，一只是用来审视我们自己，看清自己的缺点，努力克服自己的错误。而另一只眼睛是用来欣赏别人，看到别人的闪光点，而不是缺点和不足的。将心胸放宽阔，难得糊涂一点，多用欣赏的眼光去看别人吧！当你真能做到时，你会发现人间多了很多友善少了很多仇视，多了很多帮助少了很多冷漠，多了很多融洽少了很多隔阂。

## 生活感悟

世界上没有绝对完美的人，每个人都会有各种各样的缺点和不足。与人相处要难得糊涂一点，要胸怀博大，心底无私，求大同存小异，有肚量能容人，只有这样，很多事情才可以化繁乱为简明，化矛盾为和谐。当你总能做到发自内心地宽容、友善、鼓励，你的人生必会处处是机缘，处处是助力。

CHAPTER

8

# 太在意面子，是自讨苦吃

在这贪心的世界里，我只要刚刚好的面子。人要脸，树要皮，人活着都或多或少地要面子的。追求适度的面子，拥有适度的虚荣心，我们会更有动力去追求幸福。但过度的虚荣心和太在意面子，就容易自寻烦恼，自讨苦吃。生活中总有些人，把面子看得比天还大，比自己的性命还重要。“头可断，头发不能乱；血可流，皮鞋不能不打油”是对这些人的最佳写照。很多人被虚荣、脸面所束缚，做事缩手缩脚，不敢放手去干，最终错失了无数机会。那么，什么是真正的有面子，怎样才算是拥有“刚刚好的面子”？少虚心，不攀比；败得起，输得起；心胸开阔，不过于敏感，不透支面子。

# 过度的虚荣是毒酒，秒杀快乐

虚荣心，弄得人痛苦不堪，无论何时何地，它都支撑着毫不动摇的庸人世界。
——苏联吉尔吉斯斯坦籍作家　钦吉斯·艾特玛托夫

有两个脍炙人口的故事，一个是外国的，一个是中国的。外国的出自希腊的《伊利亚特》。讲的是特洛伊战争之前，忒萨利亚的国王珀琉斯和女神忒提斯结婚的时候，忘记邀请“纷争女神”厄利斯，故令她心怀不满，所以在宴会上留下了一个金苹果，上面写着“给最美丽的人”。于是，天后赫拉、智慧女神雅典娜、爱神阿佛狄忒互相争执，都认为自己是最美丽的人，都想把金苹果争到手。她们找到特洛伊的王子帕里斯作裁判，要他决定谁是最美丽的人。帕里斯拒绝了天后和智慧女神的请求，把金苹果给了爱神。爱神因此给了他绝世美女海伦。结果，长达十年的特洛亚战争因此爆发。

中国的故事发生在春秋时期。据《晏子春秋·谏下二》记载：齐景公时，有公孙接、田开疆、古冶子等三勇士，恃功倨傲，且瞧不起晏婴。晏婴久欲除之。在一次国宴上，晏婴借机摘来两个金桃，要齐景公论功吃桃，赏给三个勇士中的两个。结果，三个勇士因互不服气，弃桃而自杀。

这两个故事情节不同，但本质一样，引起的后果都极其残酷和严重。这本来都是可以避免的悲剧，然而就因为一个“美丽”的金苹果和两个“功勋”的金桃子的虚荣的刺激，挑起了三个女神之间的嫉妒，导致了三个勇士之间的猜忌和仇恨。而纷争女神和晏婴的借刀杀人之计也得以实施。其复仇的目的达到了，留下的却是残酷的战争和勇士的死亡。

其实，这两个故事至今仍没有结束，还在人世间的各个角落里不断发生。例如，一个先进指标、一个职称名额、一封特别大奖、一份年终红包，它们的作用就是在单位之中、团体之中去评说谁最美丽，谁的功大。面对此等虚荣，绝大多数人都不比三位女神和三个勇士高明。很多人为了一些虚无缥缈的荣誉，付出了无数的时间、精力、快乐，甚至付出了生命！

由此看来，虚荣不仅仅是一杯杀死快乐的毒酒，甚至还是一剂摧残、扼杀生命的毒药。看清楚金苹果和金桃子的真正本质，把虚荣这杯容易把快乐杀死的毒酒泼掉，才是从容自在的正道。

苏东坡在瓜州任职的时候，曾与金山寺的住持佛印禅师成为至交，他们经常在一起谈禅论道，生活得十分快活。有一天，苏东坡认为自己对于禅已经领悟到一定程度了，于是便写了一首诗，来阐述自己对禅道的理解，然后送给佛印禅师印证。

诗是这样写的：稽首天中天，毫光照大千。八风吹不动，端坐紫金莲。

意思是说："我顶礼伟大的佛陀，蒙受到佛光的普照，我的心已经不再受外在世界的诱惑了，好比佛陀端坐莲花座上一样。"

佛印看了他写的诗后，笑着在上面写了"放屁"两个字，然后就叫书童带回去给苏东坡看。苏东坡看了批文以后恼怒不已，便气呼呼地来到金山寺，远远就看见禅师站在江边。

禅师告诉他："我在此等候多时了！"

苏东坡一见禅师就气呼呼地说："禅师！我们是至交，我写的诗，你既然看不上，也不能侮辱人呀！"

禅师说："我没有侮辱你呀？"

苏东坡理直气壮地把诗上批的"放屁"两字拿给禅师看说："这不是侮辱人是什么？今天我一定要讨个公道，你一定要给我一个说法。"

禅师呵呵大笑说："还'八风吹不动'呢！怎么'一屁就打过江'了呢？"

苏东坡听完恍然大悟，惭愧不已，知道自己还是太在意虚荣和自尊，离得道还远着呢！从此，他再也不敢炫耀自己了。

虚荣心容易使你敏感，令你变得计较，为了维护你自己的面子，哪怕是别人对你的一点点冒犯，一点点批评，也会令你大为光发，恼火不已，从而杀死了自己的快乐。

白云守端禅师有一次和他的师父杨岐方会禅师对坐，杨岐问："听说你从前的师父茶陵郁和尚大悟时说了一首偈，你还记得吗？"

"记得，记得。"白云答道，"那首偈是'我有明珠一颗，久被法劳关锁，一朝法尽光生，照破山河星朵'。"语气中免不了有几分得意。

杨岐一听，大笑数声，一言不发地走了。

那天晚上，白云辗转反侧，怎么也睡不着，第二天实在忍不住了，大清早便去问师父为什么笑。

杨岐禅师笑得更开心，对着因失眠而眼眶发黑的弟子说：“原来你还比不上一个小丑，小丑不怕人笑，你却怕人笑。”白云听了，豁然开朗。

虽然我们不丑，但我们有时候真的还比不上一个小丑。很多时候我们很容易就陷进别人给我们的评论之中。别人的语气、眼神、手势……都可能搅扰我们的心，扼杀我们的快乐，消灭我们往前迈进的勇气，甚至成天沉迷在白云式的愁烦中不得解脱，白白损失了做一个自由快乐的人的权利。这一切的根源，都是因为我们太爱慕虚荣太好面子太在意外界对我们的评价了。

爱慕虚荣、好面子，这些都是人性的弱点之一，只要是人就难以避免。凡事过犹不及，适可而止，虚荣和面子也一样。适度的虚荣，可以让我们产生进步的动力；刚刚好的面子，可以让我们活得更快乐。但过度的虚荣和过于好面子，会产生什么后果，刚才的几个故事已经很清楚地告诉了大家。所以，想快乐要幸福的我们，只需要刚刚好的面子，适可而止的虚荣，便足矣。

## 生活感悟

一个人爱惜面子本来也没什么不好的，如果能往好的方面发展，可以说是重视荣誉的表现。但如果太爱面子，就会很容易往坏的方面发展，成了爱慕虚荣；更严重的，就是爱面子爱到丧心病狂的地步。这就变成了本末倒置。有的人为了要面子，不惜铺张浪费，透支自己的财富，最终陷入财富危机。甚至有的人为了自己的面子，不惜伤害别人！所以，爱惜面子、爱慕虚荣，最好是适可而止，过了，就害己害人。

# 爱攀比，容易让幸福与自己擦肩而过

> 一个奇怪的、虚荣心十足的、爱攀比的女人！我看我实在无法喜欢她，除非是在汪洋大海中的一只木筏上，见不到其他粮食的时候。
>
> ——美国著名作家　马克·吐温

有一天，佛祖想到了这样一道题目：“如果让世界上每一位生存者再活一次，他们会有怎样的选择？”

佛祖将题目发给众生，让大家来填写。当收回答卷时，佛祖十分震惊。

猫的答案是：“假如让我再活一次，我要做一只老鼠。因为我以前偷吃过主人的鱼，结果被主人打了个半死。而老鼠却可以在厨房内大吃大喝，人们还对它们无可奈何。”

老鼠的答案是：“假如让我再活一次，我要做一只猫。这样就可以有主人养着，不愁吃，不愁喝，让老鼠惧怕，十分威风。”

猪的卷子上写着：“如果能再活一次，我想当一头牛。虽然生活很艰苦，但是名声好，不用被骂成傻瓜懒虫。”

牛的卷子上写着：“如果能再活一次，我要做一头猪。猪吃了睡，睡了吃，肥头大耳，生活赛过神仙，多自在逍遥啊。”

老鹰的回答是：“假如让我再活一次，我愿意做一只鸡。有水喝，有米吃，有房子住，还有主人保护着。不用像现在这样一年四季都在外面漂泊，风吹雨淋，还时不时担心被猎杀。”

鸡的回答是：“假如让我再活一次，我愿意当一只鹰，这样就能自由自在地翱翔，任意捕捉猎物。不用生蛋，不用担心被宰杀，不用惶惶不可终日。”

动物们的答案五花八门，但最有意思的答案还是来自人类的。男人写的是：“假如能再活一次，我要当一个女人，这样就可以撒娇，不用辛苦劳作。”而女人写的是：“假如能再活一次，我要当一个男人，这样就能独当一面，还能驱使女人。”

佛祖看完，摇头叹息，心想：如果给万物再活一次，那么人世间必定会乌烟瘴气。

佛祖看到的是世间众生盲目的攀比，如果给予众生再活一次的机会，人间必定会变得没有秩序。在现实中，攀比无处不在，有与邻居比的，有与朋友比的，有与同学比的，有与同事比的，而最令人恐惧的是拿今日的自己跟昨日的自己比。最后，越比心里就越不平衡。而“人比人气死人”就是攀比心理的最真实写照。

因为攀比，所以嫉妒，从而让幸福与自己擦身而过。也许你很不幸，但是你四肢健全，比起那些残疾人，好了实在太多；也许你很贫穷，但至少还有一所遮风避雨的房子，比起那些露宿街头的人可幸福多了；也许你很愚笨，但比起那些因为聪明而犯罪的人要智慧多了。

其实，我们没必要去羡慕别人，因为人无完人，或多或少都存在着不足。有的人才貌双全，但在感情上不顺利；有的人家财万贯，可是子孙不孝顺；有的人看似好运，可是总有不尽如人意的时候。老天爷给每个人的生命都划出了一道缺口，所以我们不要总是盯着不好的，否则就会总是让自己不开心；如果能经常看看自己的优点，看看自己拥有的，快乐必定能更多一些。因为老天爷给每个人的，都刚刚好。

有一只小孔雀心里很苦恼，因为大家很喜欢听夜莺唱歌，而自己一开口唱歌就会被大家笑话。于是，它向佛祖诉苦。

佛祖说：“这有什么好伤心的呢？你瞧，你的项颈有着翡翠般的光芒，你的尾巴上有光彩夺目的羽毛，在这些方面，你都很出色。”

孔雀还是不高兴，它说：“但是在唱歌上，夜莺超过了我。”

佛祖慈祥的说道：“从出生起，上天就安排好了给予你们的每一样东西。你拥有美丽，老鹰拥有强劲的力量，夜莺拥有动听的歌喉，所以，还有什么好比较的呢？”

孔雀喜欢攀比，它认为自己是森林内最高贵的动物，所以它高傲，走起路来都与众不同。殊不知，一山还比一山高，当知道夜莺的歌声比自己好听后，它才发现自己并不是完美的。

在社会中也是如此。有的人很贫穷，虽然财富没有别人多，但他拥有快乐；有的人没有权力地位，但是他拥有美满的家庭，知道平平淡淡就是福。而那些喜欢与别人攀比的人，往往容易产生抱怨，从而有意无意地既带给了别人不快乐，也把自己折腾得够呛。

我们每个人拥有的都刚刚好，不要为了不必要的面子、虚荣，去和别人攀比。只要能明白每个人都拥有着别人比不上的东西，就能不过于在意面子，不会动不动就与别人比。这样，生活必能多出很多快乐来。

人的指纹是独一无二的，人生也如此。如果随便地与他人比较，就不仅是贬低了别人，更是贬低了自己。什么东西可以追求，什么东西不该追求，需要根据自身的情况来考量，盲目的攀比只会让我们的眼睛浑浊，徒增无数烦恼与痛苦。所以，要学会少去甚至不去攀比，不要在错误的领域去与别人比较，不在意那些不必要的面子。

## 生活感悟

俗话说：“退一步，海阔天空。”但很多人不喜欢退，喜欢比。普通人比公寓，有钱人比豪宅，明星们比档次，为别人的羡慕而活。然而，超过永远是相对的、暂时的，超不过倒是绝对的、永久的。要知道“天外有天，人外有人”，永远不要和人去攀比。其实，我们只需要刚刚好的面子，我们还可以学会用欣赏的眼光去看待别人。

# “透支”面子，是自讨苦吃

> 虚荣心很难说是一种恶行，然而一切恶行都围绕虚荣心而生，都不过是满足虚荣心的手段。
>
> ——法国哲学家 亨利·柏格森

森林里的鸟儿原本都不会唱歌，有一天，一只很会唱歌的云雀从遥远的地方飞入了森林，它的歌声婉转悠扬，十分动听，森林里所有的鸟儿都被吸引住了，它们一致希望云雀能教它们唱歌，云雀欣然答应。

第一天，云雀教的是音符。它唱一声，大家就唱一声。教了一会儿后，云雀为了检验学习的情况，就一个个地点名，让它们独自唱。第一个点的是乌鸦，乌鸦红着脸，扭扭捏捏地站了起来，不好意思地发出了声音。由于害羞，所以它发出来的音符都走调了，其他鸟儿都哄堂大笑起来。

这样一来，乌鸦就更害羞了，它暗想：“这多丢人啊。”云雀制止了大家。为了纠正乌鸦的发音，它让乌鸦再唱一遍。乌鸦却想：这不是存心丢我面子嘛？我才不愿意丢脸了呢！于是，它一声不吭的飞走了。

云雀无奈，只好点其他的鸟儿来唱。其他的鸟儿的发音也走调了，大家同样笑话，但是都没有像乌鸦那样飞走。

后来，所有的鸟儿都学会了唱歌，只有乌鸦不会。每当人类听到乌鸦的叫声时，都会讨厌不已。所以，伤心的乌鸦只能走向人烟稀少的角落。

常言道：“人活一张脸，树长一张皮。”事实上，又有几人能不在乎面子呢？日子是琐碎的，有人在高尚中度过，有人在庸俗中度过，它日复一日，好像没有尽头似，这是一种适应，更是一种逼迫。于是，越来越多的人被利欲熏心，把面子和里子都看得极重。在前面这个寓言故事里，乌鸦为了面子，失去的是歌唱本领。殊不知，因为一时地失去面子，最终竟然是彻底地失去面子。

佛家说：“利是里子，名是面子。”在佛法中，名利是修行者的大忌，两者都不可要。然而，自古以来，人们就讲面子，也爱面子，明明没有钱，但为了显示出自己过得比别人好，便逢人摆阔气，在无人察觉的角落中却喝着稀饭，吃着咸菜。有些人为了面子，或虚荣，或得失，或生气，或愤怒，其实，这都是不值得的。这个时候，要面子就是“活受罪”，就是“自找苦吃”。

历史上，许多烈士们都喊着“士可杀，不可辱”的口号，其实这就是太过看重面子，最后死于非命。越王勾践卧薪尝胆，在吴国忍辱负重，最后一手灭了吴国，他能有所作为，完全是因为看淡了面子，不做面子的奴隶。人人都想要面子，不想失去面子，但需要谨记的是不要“透支”面子，只要刚刚好的面子，足矣。

面子是自尊和虚荣心，是漂亮，是高贵，同时也是赞誉与夸奖，它是对一切表象精雕细刻下的产物。面子可以让自己坠入痛苦的深渊，可以使夫妻同床异梦，更会让人与人之间的交流变得虚伪。静下心来想一想，这又何必呢？人与人之间本就平等，彼此坦诚相见，岂不是更好，更自在？

在这个大多数人都特别在意面子的世界里，我们提倡只要刚刚好的面子。面子有时候该要，有时候不该要，这需要把握好分寸。归根到底，唯有成了面子的操控者，当了面子的主人，才能真正地有面子。

### 生活感悟

很多人爱面子，爱到不惜一切代价地往自己脸上贴金。于是，越缺少什么，越炫耀什么。屌丝喜欢假装高帅富，小干部喜欢装大领导，看着周围人们羡慕、崇拜的眼神，他们就会觉得异常荣耀，哪怕这种荣耀只是靠欺骗、吹牛得来的。然而，没有实力的人即使往脸上贴了多少金，依然改变不了没实力的现实。做人，还是务实一点好，别让虚荣心害了你，结果连最后那一丁点的面子都没有了。

## 心胸太狭窄者，神憎鬼厌人躲避

> 如果你想让人们羡慕你，那么你就应表现出来为你的悲哀和羞惭感到自豪的样子。
>
> ——苏联著名思想家、哲学家 列夫·舍斯托夫

六祖慧能曾给弟子们讲过这样一个故事：有一个囚犯被关在监牢里，关他的那间牢房非常狭小，连腿脚都伸展不开，所以他在里面呆得非常难受。因此，他的内心充满了愤恨与不平，感觉到了万般的委屈与难过，认为自己住在这么狭小的囚牢里，简直是活在了人间炼狱。于是，他每天都怨天恨地，喋喋不休地控诉着上天的不公与命运的残酷。

有一天，从囚牢的窗外突然飞进来了一只苍蝇，嗡嗡地叫个不停，还到处乱飞乱撞。囚犯看着这只小东西，心想：我已经够烦的了，这个讨厌的家伙还来烦我，实在气人，我非要捉到你不可！于是他小心翼翼地去捕捉它。

没想到，这只苍蝇比他更机灵。每当他快要捉到它时，它却敏捷地飞走了。他手脚并用，东扑一下，西扑一下，苍蝇来回躲闪。他折腾了半天还是无法捉到苍蝇，反而累得气喘吁吁。于是他感慨道，看来我的囚房不小啊，居然连一只苍蝇都捉不到！这时，他突然悟出了一个道理：“心中有事世间小，心中无事一床宽。”

慧能大师开示大家：“当一个人身在一个自己无能为力改变的环境中时，愁苦或烦恼，更会增加心中的不快。此时，不如将心胸放开，这样解脱的不仅仅是精神，还有心灵。”

慧能大师劝勉世人要学会宽心，因为宽心更容易解脱，从而获得一身轻松。如果不能宽心，就会看什么都不顺眼，对什么都特别在意，对什么都特别敏感，从而既苦了自己，又苦了别人。

西晋年间，王导曾任宰相。当时，他的手下有一个叫王述的人，对很多事情都看

不顺眼，所以跟上下左右之间的关系都处理得很不好。那时候，官府里的人都常常爱聚在一起谈论一些哲学、逻辑方面的问题，觉得这是一种很时尚的行为。

在没发迹之前，王导就已经是一个爱好学问的人。当他位高权重后，就更加热衷于谈论学问了。看到上司有这样的爱好，而且参与这一爱好还是一种时尚，下属们当然更加乐此不疲，兴趣盎然。有很多下属更是借此机会大拍王导的马屁。每一次，当王导发表了一套见解观点后，话音刚落，就会博得一片叫好声。

有一次，大家刚为王导喝了彩，王述却发了一通大火。只见他奋力地将手中的杯子摔向地板，然后呐喊道："又不是什么尧舜禹，怎么他说什么你们都说好？"一场哲学探讨就这样被王述给搅黄了。

在参与同事间的探讨时，他因为看不顺眼大家对王导的恭维，所以大发光火。在家里，对亲人下人做的大事小事看不顺眼，那就更是家常便饭了。有时候，他甚至会莫名其妙地发火。例如有一次，他在家里吃鸡蛋，想用筷子去夹鸡蛋，可夹了好几次都没夹到。他立即勃然大怒，把鸡蛋扔到了地上。奇怪的是，鸡蛋不仅没被摔碎，还在地上滴溜溜地打转。王述非常生气，他飞快地跳了起来，抬脚向鸡蛋踩去。没想到，天不遂人愿，王述这一脚竟然没有踩到鸡蛋。这一下可把王述给气坏了，他弯身捡起了鸡蛋，整个儿地塞进了嘴里，使劲地嚼着，随后把嚼碎的鸡蛋奋力向前方吐了出去。

像王述这样看什么都不顺眼的人，既破坏了别人的兴致，又搞得家里鸡飞狗跳的，这又何苦呢？更重要的是，他这样看待事物，自己其实也挺心苦的，这又何苦呢？

为什么王述看什么都不顺眼呢？原因是王述不懂得把心放宽，心胸太狭窄，所以就容不得一点儿自己认为不对的事情。结果，搞得大家都讨厌自己，害怕自己。归根到底，这种状况的出现，是由于面子问题。太好面子、虚荣心很强的人，往往心胸都比较狭窄。

这种糟糕的状况该如何解决呢？"特效药"是——宽心。例如，在参加谈论学问的聚会上，有些下属或出于真心或出于假意，去恭维王导的学问和见解，这其实是一件再正常不过的事情，绝大多数人都不会认为有什么不妥，更不会站出来横加指责，破坏大家聚会的气氛。即使是绝大多数正直的人，也往往会"难得糊涂"一下。要知道，拍拍马屁这种事，对于心宽、不过于在意面子的人来说，是比芝麻绿豆还小的事。

如果一个人不能宽心看待身边的人和事，不但会让周围的人很不高兴，让自己的人缘变得非常糟糕，还会让自己的心情也很不好。你希望自己成为这样神憎鬼厌人躲避的人吗？恐怕不想吧。所以，王述这样的人，我们一定要引以为戒，而不是向他学习啊！怎样引以为戒呢？不要太在意面子，要懂得将心比心，要学会把心胸锻炼得更开阔些。

## 生活感悟

心外世界的大小并不重要，重要的是我们的内心世界。懂得宽心的人，往往是胸襟广阔的人。这样的人，纵然住在一个小小的囚房里，亦能转境，把小囚房变成大千世界；而一个过于在意面子、气量狭小、不满现实的人，即使住在高楼大宅里，也会感到事事不能称心如意。请学会宽心、不要过于在意面子，这样才能看什么都顺眼，看什么都美好，看什么都能让自己心情舒畅。

# 受得了失败，经得起挫折，其实并不丢面子

只有不要脸的人，才会成为成功的人。

——华为总裁 任正非

美国投资家贺希哈说过：“不要问我能赢多少，要问我能输得起多少。只有输得起的人，才能赢得最后的胜利。”贺希哈本人就是一个输得起的人，所以他总是能赢得起。

在 17 岁时，贺希哈就开始创业。他第一次赚大钱的时候，也是他第一次得到教训的时候。当时，他全副身家只有 255 美元，所做的事情是在股票的场外市场做一名掮客（也就是中介）。不到一年，他就赚到了第一桶金，进账 16.8 万美元。赚了这笔大钱后，他为自己买下了第一套像样的衣服，还在长岛买了一幢房子。

这时，第一次世界大战的休战期来到了，贺希哈聪明得过了头，他以随着和平而来的大减价的价格，顽固地买下了隆雷卡瓦那钢铁公司，结果受到了欺骗，赔得只剩下了 4000 美元。这一次，他学到了深刻的教训：“除非你了解内情，否则绝不要买大减价的东西。”

不过，这次严重的失利并没有挫败他，经过深思熟虑，他决定重头来过。他放弃了证券的场外交易，转而去做了当时未列入证券交易所买卖的股票生意。

开始时，他是和别人合资经营的。一年以后，他开设了自己的贺希哈证券公司。到后来，贺希哈做了股票掮客的经纪人，每个月可以赚到 20 万美元的利润。

1936 年是贺希哈最冒险，也是最赚钱的一年。远在大多数美国人都做着通过淘金发财的美梦的年代，有无数采矿公司也随之成立，其中有一家叫普莱史顿金矿开采公司的也是那时候成立的。这家公司在一次火灾中被焚毁了全部设备，造成了资金短缺，而股票还跌到了不值 5 美分的低位。有一个叫做道格拉斯·雷德的地质学家，知道贺希哈是个思维敏捷的人，就把这件事告诉了他。贺希哈听了以后，便拿出了 2.5 万美元做试采计划。不到几个月，黄金就挖到了——仅离原来的矿坑不到 8 米。从此，这

座金矿每年都会带给贺希哈250万美元的净利润。

贺希哈懂得认输，能够输得起，所以才会赢得彻底。有的人认为认输很难做到，其实，认输之所以很难做到，是因为很多人都过于在意面子。输不起的人觉得，认输就是承认自己的失败，而这是一件很丢面子的事。

在我们身边有很多这样的人，他们碍于面子，过于在乎面子，即使知道一件事注定失败，却还是不愿意认输，结果最后输得更惨。

输得起才能赢得起。不过于在意面子，虚荣心弱一点，哪怕降到低一档的地位上，只要确实能发挥自己的特长，同样能干出更大的成就，找到自己的人生价值。

学会认输，就是知道自己在摸到一张臭牌时，不要再希望这一盘是赢家；学会认输，就是在陷进泥塘里的时候，知道及时爬起来，远远地离开那个泥塘；学会认输，就是学会承认失败，学会选择与放弃；学会认输，就是只需要刚刚好的面子，悟懂了面子的真正含义。

一个人既要赢得起，也要输得起。一个人越是输不起，就越会屡战屡败，最终输在自己的手里。而学会面对输局，正确地面对人生的每一次失败，其人生前途始终还会辉煌。

日本有一位年轻人前往一家公司求职。在张榜时，他发现自己名落孙山，这一打击使他难以忍受，于是愤而自杀。哪知自杀技术欠佳，未遂心愿，正在此时，传来消息，他未被录取是由于计算机出了故障，实则是应名列榜首。正当他兴奋不已，欲将此喜讯转告其亲友时，又传来消息：他被老板解聘了。

原来，他自杀之事已被老板得知。老板认为，这个年轻人连如此小小的人生打击都经受不起，又怎能担当得起责任，又如何指望他去为公司的将来建功立业呢？这个人就算技术水平再高，我也不稀罕；失去了此人，才是公司的一大幸事，它可以使公司避免了今后可能发生的更大悲剧。

虽然这件让年轻人历经大喜大悲的事，旁人听起来也会感到哭笑不得，但是这位老板的话却讲得很有道理，因为它启示了我们一些更深层次的东西：失败者如果觉得自己因为失败了结果面子全无从而干出蠢事，即使过后明白了，也常常会引起人们的反感。没有人会愿意同这种人共事，谁也不敢担保他今后不会再来这一手，那时候倒霉的就不是他一个人了。

面对挫折与失败，我们应该学会淡定处之，既来之，则安之，千万不要学这位日本年轻人这样，失败时寻死觅活，成功时兴奋得跟“范进中举”了似的。归根到底，有这样的表现，全因面子作怪。成功了，以为是超级有面子；失败了，又觉得面子都没有了。这样的人，喜怒哀乐甚至生死，都被面子掌控了，甚是悲哀！

看看唐朝的一位官员在遇到挫折时是如何面对的吧。人家才叫真正的经得了失败，受得了挫折，根本不在意面子问题。

唐太宗时，有个负责运粮的官员，他负责的运粮船遇到大风大浪时被打沉了。到年终考核时，主管考核的卢承庆奉命给他评定等级。评定等级事关仕途升迁，所以大家都非常紧张。因为运粮船沉没一事，卢承庆给这位运粮官评了个“中下级”，那人没有为自己辩解一句就退下了。

后来卢承庆转念一想，这事完全归罪于个人有失公允，于是，又改成了“中中级”。谁知这人竟然没有感谢之类的客套话，也没有激动的神色。卢承庆被此人的气度所感动，夸奖道：“这真是宠辱不惊，难得！”

于是，又改成了“中上级”。这位运粮官失之不忧，得之不喜，真是一位输得起也赢得起的人。

人生如棋局，谁也不可能总是赢家，谁也不可能总是输家。所以，输的时候千万别觉得是丢了面子，更不要寻死觅活；赢了的时候也不要沾沾自喜，骄傲张狂。唯有不太在意面子，淡然面对输赢得失，你才能既输得起，又赢得彻底。

## 生活感悟

唯有经历一场彻底的失败，才能让人更加深刻地理解面子、自尊的内涵。在你跌落低谷的时候，一切的面子、架子、自尊心都变得无足轻重。虽然面子全失是一件痛苦的事情，但每一次面子全失的过程，都是成长中留下的珍贵记忆，都是一次成功前的演练。面子又是我们真正能照见自己的镜子，是否能够不太在意面子，能反映出一个人的勇气和意志力。舍得面子之后便是一段坦途，坦途之后才会获得更大的面子，这就是生活的逻辑。

## 化耻辱为力量，在耻辱中取得胜利

有虚荣心的人在不幸中建立功绩，在耻辱中取得胜利。

——英国文艺评论家、散文家 威廉·赫兹里特

曹禺是我国著名作家、剧作家。20 世纪 80 年代初，有一次，一位叫阿瑟·米勒的美国戏剧同行应邀来北京执导一部戏剧，作为老朋友的曹禺特地邀请他到自己家来做客。

在午饭前的休息时间里，曹禺从书架上拿下来一本装帧讲究的册子，上面裱着画家黄永玉写给他的一封信。拿到手摊开册子后，曹禺便逐字逐句地把它念给了阿瑟·米勒和在场的朋友们。

这是一封措辞严厉且不讲情面的信。信是这样写的："我不喜欢你解放后的戏，一个也不喜欢。你的心不在戏剧里，你失去伟大的通灵宝玉，你为势位所误！命题不巩固、不缜密，演绎分析也不够透彻，过去数不尽的精妙休止符、节拍、冷热快慢的安排，那一箩一筐的隽语都消失了……"

几年后，阿瑟·米勒还能回忆得起自己当时的迷茫。他在文章中记录道："这封信对曹禺的批评，用字不多但却相当激烈，还夹杂着明显羞辱的味道。然而曹禺念着信的时候却神情激动。我真不明白曹禺恭恭敬敬地把这封信裱在册子里，又把它用感激的语气念给我们听时，他是怎么想的。"

是啊，把别人羞辱自己的信件裱在装帧讲究的册子里，还满怀感激地念给别人听，这样的行为实在太过罕见了，所以很难让人理解与接受。

不过，这也正是曹禺的清醒和真诚之处。尽管他已经是功成名就的戏剧大师，可他并没有像旁人一样过分爱惜"自己的羽毛"——荣誉和名声，而是把这封羞辱自己的信当成是一笔鞭策自己的珍贵馈赠，所以他要当众感谢这一份羞辱。

事物皆有两面，是好是坏，全由你自己决定。例如，你能正视耻辱，就能化耻辱

为成就。如果不能正视耻辱，觉得那很丢面子，还始终放不下，那么耻辱就会一直成为你的坏事，一直把你压得喘不过气来。

当美国男子篮球职业联盟（简称 NBA）超级球星沙克·奥尼尔还是一个高中生时，他崇拜的偶像是 NBA 马刺队当年的当家中锋大卫·罗宾逊。在一次球赛后，苦苦等了几个小时的奥尼尔看到偶像出来了，就兴冲冲地走上前去，请罗宾逊为自己签名。

没想到，罗宾逊连正眼都没看他，便扬长而去了。这一无礼举动气得奥尼尔把签字本都摔在了地上，并大吼一声："你有什么了不起，我将来一定要超过你！"

五年后，NBA 球场上出现了一位超级中锋，他正是被大家称为了"大鲨鱼"的沙克·奥尼尔。这个家伙，在球场上见谁灭谁，所向无敌，尤其是在与罗宾逊的对抗时，更是全力走赴，每次都把罗宾逊"打得"丢盔卸甲。人无压力轻飘飘，不经激励不发愤。从这个意义上来说，奥尼尔真应该感谢当年罗宾逊对他的羞辱。

美国前总统富兰克林·罗斯福患有小儿麻痹症。刚开始时，他一点儿也不能动，必须坐在轮椅上。但他讨厌整天依赖别人把他从楼上抬上抬下的生活，所以总是一个人在晚上偷偷地练习站起来走路。有一天，罗斯福告诉家人说，他发明了一种上楼梯的方法，要表演给大家看。原来，他先用手臂的力量，把身体撑起来，挪到台阶上，然后再把腿拖上去，就这样一阶一阶艰难缓慢地爬上楼梯。他的母亲阻止他说："你这样在地上拖来拖去的，给别人看见了多难看。"但罗斯福断然说道："我不能在乎面子，我必须面对自己的耻辱。"

能平静地面对自己的耻辱的人，是能真正不在意面子的人。这样的人，还有什么不能战胜的呢？有些人在遭受耻辱时，总不能面对自己之所以受到耻辱的原因，其实多问一下自己，是有好处的。反思自我越多，人生进步越快。耻辱对于每一个人来说，都是一种坏事，然而，若能放下面子，去正视和反思耻辱，耻辱往往能成为你的一种好事。

"格氏试剂"是世界上最有用和最多能的试剂之一，其发明者叫克多·格林尼亚，于 1921 年获得了诺贝尔化学奖。然而，在青少年时代，格林尼亚是一个典型的游手好闲的"二流子"，家境的优裕和父母的溺爱使得他放荡不羁，整天只知道吃喝玩乐。

幸好，一次偶然发生的事情令得他猛醒了过来：在他 21 岁那年的一次舞会上，一位美丽的姑娘引起了格林尼亚的注意，他走上前去邀请姑娘共舞，却被姑娘冷冷地拒绝了。格林尼亚以为自己很冒昧，便连忙表示歉意。没想到姑娘却冷冷地说：“请站远一点儿吧，我最讨厌被像你这样的花花公子挡住视线！”

这句话如一把利剑，深深刺痛了格林尼亚的心灵；如当头一棒，击醒了格林尼亚的奋发向上的头脑。从此，他化羞愧和痛苦为力量，开始埋头苦读，仅用了两年时间就补上了荒废的学业，并考上了法国里昂大学。

后来，他以严谨的科学态度发现并纠正了著名化学家巴尔尼教授的一些疏忽和错误，发明了“格氏试剂”。里昂大学为此破格授予了他博士学位。再后来，他还成为诺贝尔化学奖奖金获得者。

你面对一件事情的态度，决定了这件事情对你的影响。正如遭遇耻辱和羞辱时，若能正确面对，放下面子，化耻辱为力量，你必定能因祸得福，做出伟大的成就。

## 生活感悟

真正正视耻辱的人，往往不怕丢面子。只有不敢正视耻辱的人，才怕丢面子。那些不敢正视耻辱的人，时刻都在想着“我可不能丢脸，那简直是不能忍受的耻辱”，其实这都是虚荣心在作祟。而那些能够化耻辱为力量的人，根本不怕别人笑话，根本不在意面子。他们知道，当自己成功了，就要想多有面子，就有多少面子。所以，我们要当一个敢于正视耻辱的人，然后化耻辱为力量，做出能赢得巨大面子的事。

## 放下面子，才好轻装上阵，抓住机遇

> 你要克服的是你的虚荣心，是你的炫耀欲，你要对付的是你时刻想要冲出来、想要出风头的小聪明。
>
> ——英国小说家、剧作家 毛姆

有个学生天生就拥有一副好嗓子，无论难度多么高的歌曲，到了他嘴里都能唱得无比动听。有一次，学校举办歌唱比赛，他连预选都没有参加，就直接被班主任推荐进入到了决赛。没想到，在决赛当天，由于精神过度紧张，他在比赛中完全没有发挥出应有的水准，最后得了倒数第一。

更糟糕的是，比赛失利这件事过去了很长时间，他还在为此郁郁寡欢。他一遍又一遍地到班主任那里解释，说自己那天有点感冒，嗓子哑了，否则一定能取得名次的。班主任老师安慰他说："没关系的，我相信你！"可是，他认为班主任老师是在敷衍他，以后每次见到班主任仍然要提这件事，把老师搞得不厌其烦，而他最后也变得精神恍惚起来。

当然，这是一个比较极端的例子，但它启示了我们：我们是否太在意自己的感觉了？比如，你在路上不小心摔了一跤，惹得路人哈哈大笑。你当时一定会很尴尬，认为全天下的人都在看着你。但你如果站在别人的角度考虑一下，就会发现，其实，这件事只是他们生活中的一个小插曲，甚至有时候连插曲都算不上，他们顶多哈哈一笑，然后很快就把这件事忘到脑后了。

我们总是那么紧张自己的表现，总是那么在意别人的看法，主要原因是我们太在意面子，放不下面子。我们谁都会有太在意别人的看法、放不下面子的时候，但如果我们想活得更轻松快乐、更从容淡定，就必须学会放下面子，别把自己看得过于重要。当你放不下面子却又想改变这种心态时，不妨听听美国作家马克·吐温是怎么建议的。

有一位年轻作家刚到纽约时，马克·吐温请他吃饭，陪客有 30 多人，都是本地的达官显贵。临入席时，这位作家越想越害怕，浑身都发起抖来。

“你哪儿不舒服吗？”马克·吐温问。

“我怕得要死。”这位年轻作家说，“我知道，他们一定会请我发言的，可是我实在不知道该说什么，一想起可能要在他们面前丢丑，我就心神不宁。”

“呵呵，你不用害怕，我只想告诉你——他们可能要请你讲话，但任何人都不指望你有什么惊人的言论。”

马克·吐温的这番话不但对这位年轻作家有镇静心神的作用，对有类似问题的年轻人来说也是适用的。

很多年轻人都渴望有机会充分展示自己的才情。然而，当机会真的突然降临到他们面前时，很多人却会一下子变得手足无措。当然，这是很平常的一件事情，因为绝大多数人在自己人生中的第一次演讲、第一次独立做事、第一次被领导委派重要任务等时，都很有可能会紧张得一夜睡不好觉。

这个时候，你一定要明白，你周围的人都有自己的事要做，他们没有那么多时间把注意力完全集中到你身上，他们还是只把你当成一个普通人来看待而已，他们并不期望你能干出多么惊天动地的大事，你只要和别人一样，按部就班地做了，说了，就算是圆满完成任务了。

有人可能会说，好不容易出现了机会，为什么不借此一鸣惊人呢？其实，在这个越来越理智和多元的时代，一个人的优点要通过很长的一段时间、经过一系列事件才能展示出来，一亮相就想获得满堂喝彩的日子只会出现在影视剧集里。相反，初出茅庐者过分的标新立异反而容易引起人们的反感。你想要出人头地，受到大家赞赏，唯一要做的，就是让人们看到你确实为此做了充分的准备，你拥有一个很认真的态度，这就足够了。

现在中国已经进入到了市场经济飞速发展的时代，很多人都希望通过做生意当大老板来实现自己的发财梦。然而，很多人由于放不下面子，所以一直只是每天做做发财梦而已。

有个人一直很想当大老板，可惜父母没有留给他基业，他也缺乏启动资金和投资项目，所以天天只能在梦里过一把老板瘾。有位朋友知道了他的梦想后，劝他从小本经营开始，哪怕去摆地摊。但他却一直放不下面子，始终没有走上街头。

某一天，他在大街上闲逛，突然遇到了一位初中同学。这位同学开着一辆崭新的高级轿车，看得他都呆了。这位初中同学其实跟他的家庭背景差不多，现在居然发家致富了！他非常想知道，这位同学是怎么发起来的。

初中同学也看到了他，于是便把车停了下来，穿着一身名牌服装走到了他的面前。他红着脸和同学握手，吞吞吐吐地问对方，这几年你都在做什么生意呀，好像干得很不错啊？初中同学说，摆地摊。他一听，摇摇头说，不信。初中同学对他说，过一阵子你和我去南非，体验一下摆地摊的生活。

过了一段时间，他的初中同学处理完了国内的一些事务后，便帮他办了一张三个月期限的签证，然后把他带到了南非首都约翰内斯堡。

到了南非，他发现在约翰内斯堡繁华的街头巷尾、车站周围、商贸小区都有摆地摊的中国人，他们表情自然，正在向来往的人推销着各种小商品，全然没有那种羞于见人的样子。

他的初中同学也摆好了地摊。只见他的小商品卖了一件又一件，一天下来收入的兰特（南非货币）折合人民币有 2000 多元。初中同学告诉他，在南非摆地摊，一个月完全可以收入好几万元人民币。所以，他们这些地摊主从来不觉得自己丢面子。以前，有几个中国朋友初来南非时，因为太在意面子、放不下面子，结果，半年签证到期，连回国的路费都没有挣够。

太好面子是阻碍创业的绊脚石，放下面子才能打开谋生的大门。在我们身边，总有一些人为了面子奔波了一生，最后留给自己的还是烦恼一堆。其实，他们输的不是他们的个人能力，也不是他们的处世技巧，而是那薄薄的脸面。事实上，很多时候只要我们换一个角度去看问题，人生和事业很可能就是另一番景象。

有人说：“人的脸皮只有四块：额头一块、左脸一块、右脸一块、下巴一块，如果你每天早上起来都能撕下自己的四块脸皮放在脚底上踩踩，那么你就能抛开面子，轻松做人。”如果你把面子看得很重，那么快乐、幸福与成功都只会离你越来越远！

为了成就更好的事业，一定要放下面子；为了实现我们的理想，一定要放下面子；为了过上我们最想要的生活，一定要放下面子。切记，“馅饼”不会从天上掉下来，一个人的面子也是这样。只有抛开面子，努力行动，才能赢得成功。而成功，才是最大的面子。

## 生活感悟

很多时候，面子与成功是个矛盾体，要想在事业上获得成功，我们必须丢掉面子。在面子与机会之间，有远见的人选择了机会，目光短线的人则选择了面子。很多机遇都是敢于丢面子丢出来的。丢掉面子，就等于丢掉了很多负担，唯有如此你才能轻装上阵，走得更快更远。

# 失败是成功之母，“从头再来”是成功之父

> 人类生活中的虚荣浮华就像是一条河流，后浪推前浪，不断逝去，又不断涌来。
>
> ——英国著名诗人 亚历山大·蒲柏

1996年，于娟和她的丈夫同时下岗了。失去了经济来源的两个人，看着上学的女儿、体弱多病的母亲和正在上大学的妹妹，最后商量决定，于娟去做生意，丈夫继续待岗。做什么生意好呢？于娟与许多下岗职工一样，首先想到的是摆地摊，批发小百货来卖。

说干就干。她每天都蹲在路旁，守着小摊，盼着有人来光顾她。然而，守着小摊守了一个月，她连盒饭都舍不得买，结果最后算账时还亏了几十元。

小百货不好卖，就卖别的吧。于娟从家里挤出了120元，从水果批发市场批发了一些樱桃来卖。可这回，由于不懂得如何保鲜，樱桃烂了好些。在想着法子处理之后，才卖出去了一些，但最后还是亏了50元。

看到自己卖用的、卖吃的都赔了钱，于娟只好又改卖穿的。东挪西借之后，她进了一批皮鞋，然后每天就把几大捆鞋装在蛇皮口袋里，用自行车驮着，沿街四处叫卖。没想到，卖皮鞋的路也走不通，卖了好些天也没卖出去几双。而这时，家里已没钱让她再去“折腾”了。

接下来怎么办？她根本不知道。正迷茫间，有朋友把她介绍到了一家国际化妆品公司去当了一名化妆品推销员。由于之前曾长期地风吹日晒且东奔西跑，所以她的脸部皮肤很粗糙，还有大块小块的黄褐斑。以这样的形象去推销化妆品，难免就有顾客公开奚落她：“看看你自己的样子，居然也来搞化妆品推销。”

但她没有气馁，她觉得很多人下岗后不再创业是因为不肯放下国企职工的架子，觉得很丢面子。但是这对于她来说却不算什么，生活嘛，谁还不得过几道坎儿，她觉得自己一定能干好的。于是，于娟每天穿梭于大街小巷，四处苦口婆心推销，终于使自己的生意有了转机。

但是，顾客对自己形象的奚落一直是她的一块心病。没想到，正是这一不幸，却让她看到了一个商机——通过进入美容业更容易赚大钱。于是她放弃了已能养家糊口的推销工作，去到一家美容院当起了月薪只有 150 元的“学徒”。

在美容院打工的三个月里，她努力地向其他人学习手艺技术，并把全部的工资都买了相关书籍，再加上前辈和同事们的指点，她的技艺突飞猛进。三个月后，这家美容院已然不能满足她的求知欲。在丈夫的支持下，她变卖了家中唯一的电器——电视机，以及部分家具，去到省城一家专业美容美发培训中心学习，最后拿到了高级美容师证书。

学成后，她借钱租了一间小门面，开了只有两张美容床的“娟娟美容院”。在实践中，她很快摸索出了一套属于自己的洗脸按摩手法，还在化妆、文眉上有了很大的提高。从此，她的生活步入坦途，生意越做越大。

几年后，她的美容院更名为美容美发形象中心，店面比原来大了 30 倍，还分上下两层楼。员工也由原来只有她一个，发展到超过 20 人。再后来，她还拥有了自己的美容美发培训学校，并开了好几家分店。

如今的她已经是名人了，既赚了很多钱，又得到了很多“头衔”，可谓名利双收。回忆起自己的创业历程，她说道：“想想这一生那么艰难的路都走过来了，还有什么好害怕的，最糟，也不过是从头再来！”

人生的路从来不会一帆风顺。有些人看到别人人前风光的一面，就以为别人一直都过得春风得意，而自己则一直都过着苦不堪言的日子。然而，别人走过了什么样的路，你并没有亲自去走过，所以不能胡乱断言别人走的路就是康庄大道。即使别人走的是宽敞大道，我们也没必要羡慕，因为每个人有每个人的路，你无论走的是金光大道，还是羊肠小道，都得自己走出来才行。

事实上，没有人总是走大道，也没有人总是走小路，正如没有人总是一帆风顺，也没有人总在走背字。幸福者与不幸者的最大区别是，前者面对突然而来的坎坷，不会气馁，不会灰心，不会退缩，而能放下面子，积极面对。因为前者知道，最糟糕的局面也不过是：大不了，从头再来。

很多人都知道“失败是成功之母”这句名言，它其实就有“输得起才能赢得起”的意思。因为如果你积极地去看，懂得反省失败，那么失败中所隐藏着的成功的种子和契机，就能被你发现。当你培育好这颗种子，把握好其中的契机，就能够成为最终的胜利者。

如果说“失败是成功之母”，那么“从头再来是成功之父”。从头再来是成功之父，这句话既包含了“失败是成功之母”的意思，透出了一股输得起的勇气，又显得具有不怕挫折、奋发向上的积极态度！

人生的精彩在于积极的态度，人生的可贵在于永不言败。当失败降临到我们头上时，我们要学会积极面对，接受失败，然后迅速站起来，重新出发，勇于从头再来。

有一种叫“不倒翁”的玩具，相信我们都知道。“不倒翁”的重心在下面，所以无论怎么推它，按它，只要一松手，它立刻又会直立起来，因此，它永远都不会趴下。人生正是这样，由于不断地经受磨难，人才能变得更坚强。我们从失败中学到的东西，远比从成功的经验中学到的东西要多得多。

失败并不可怕，真正可怕的，是不承认自己有过失败的经历。不承认失败，是因为放不下面子，放不下失败，不懂得“从头再来”是更好的人生选择。

看成败，人生豪迈，只不过是从头再来。生活难免有失败，遭遇到了失败时，就让我们从头再来吧，从哪里跌倒，就从哪里站起来。输得起才能赢得起，只要你能不太在意面子，能放下面子，不断用正确的方法去努力，你必将做成很多了不起的事，到那时候，你想要多有面子，就多有面子。

## 生活感悟

失败了没什么大不了的，丢脸了也没什么大不了的，重要的是我们要通过失败得到些什么。没人会在意我们的失败，除了我们自己。每一个能不在意面子、能放下面子的人，都是豁达的人，他们对成功与失败都看得很淡，失败了，大不了从头再来；成功了，还要继续努力。最关键的是，永远做最真实的自己，做不断成长的自己，做主宰自己命运和心情的自己。

# CHAPTER 9

# 恰到好处的缺憾，就是完美

在这贪心的世界里，我只要刚刚好的完美。什么是“刚刚好的完美”？美丽的残缺、恰到好处的遗憾、刚刚好的留白……都是刚刚好的完美。众所周知，世上没有真正意义上的完美无缺，也不可能完美无缺。恰到好处的缺憾，其实就是完美；无关紧要的失败，并不影响伟大的圆满。人人皆有不足，生活永存缺憾。但这并不妨碍我们去追求一个相对圆满的人生。因为上天给予我们的，已经刚刚好足够帮助我们实现理想，达成目标。用好上天赋予你的，追求你真正想要的。在追求的路上，只要你尽力而为了，你就终会发现，你所拥有的一切其实都刚刚好，即使你最终没能实现最高的理想，留下了一堆遗憾，但也还是不失为人生的另一种完美。

# 是的，你拥有的一切都刚刚好

> 每个人都有缺点和优点，将优点发扬光大，其余的就不必理会。
>
> ——美国著名演员 奥黛丽·赫本

欧洲曾在瑞士举办了一次“最完美的女性”研讨会。经过一番热烈的讨论，与会者们一致认为：最完美的女性应该有意大利人的头发、埃及人的眼睛、希腊人的鼻子、美国人的牙齿、泰国人的颈项、澳大利亚人的胸脯、瑞士人的手、中国人的脚、奥地利人的声音、日本人的笑容、英国人的皮肤、法国人的曲线、西班牙人的步态……拥有了这些还不够，完美女性还应该有德国女人管家的本领，美国女人时髦的装束，法国女人精湛的厨艺，中国女人醉心的温柔……然而，大家很快就意识到，即使上帝重新造人，也不可能集这些优点于一个人身上。因此，与会者最终达成的共同结论是：真正完美的女人根本不存在。当然，男人也是一样。

“完美”者，顾名思义，乃十全十美，了无瑕疵之谓也。每个人都希望自己是完美的，但即使让上帝重新造人，也不可能将所有优点集于一个人身上，任何人都不可能完美无缺。但在生活中，依然有人自卑于自己不够完美，容不得半点瑕疵，或暴躁地烦恼，或压抑地消沉，从而让自己的生活变得痛苦不堪。

在生活中，你为什么会过得不安心甚至痛苦呢？不妨先检讨一下，你是否存在这样的想法：“我的个子为什么不够高？”“我的鼻子不够挺拔，眼睛也小了一点”……这种自卑于自己不够完美，觉得自己这也不行那也不好的想法，往往会将人推向“完美主义”的自虐情绪之下。可惜的是，苛求自己完美的愿望永远也不会实现。一心去追逐不会实现的愿望，结果只能是失望，甚至会让自己距离所谓的完美更加遥远。

缺陷和不足人人都有。作为独立的个人，正是不完美使我们区别于他人，使我们显得不平庸。你就是你，你是独一无二的，你同样是上天创造的杰作，世界也因你的不完美而多了一点色彩。不要要求自己成为一个完美无缺的人，而要努力爱上那个不完美的自己。

她出身很平凡，却一直渴望成为明星。可惜，在外人看来，她并不具备成为明星的条件，她长了一张不美的大嘴，还有一口龅牙，看起来难看极了。第一次在夜总会登台演出的时候，她刻意地用自己的上唇掩饰牙齿，希望别人不会注意到她的龅牙而只是专心地听她唱歌。结果，台下的观众看到她滑稽的样子，都不禁大笑了起来。

演出结束下台后，一位观众对她说："我很欣赏你的歌唱才华，也知道你刚刚在台上想要掩饰什么，你怕别人嘲笑你的龅牙对吧？"女孩听后，一脸尴尬。接着，该观众又说："龅牙怎么啦？你没有发现因为它让你与众不同了吗？别再为此自卑了，尽情地展现你的才华吧。也许，你的牙齿还能给你带来好运呢！"

听了这位观众的忠告，女孩此后不再自卑于自己的龅牙，她每天都带着最灿烂的微笑，唱歌的时候总是尽情地张开嘴巴，把所有的精力都置于歌声里。最后，她的名字——凯茜·桃莉——享誉了电影和广播界，很多人甚至都迷上了她那看起来非常亲切的龅牙，她也成为了成千上万男人的梦中情人。

凯茜·桃莉之所以能够广受欢迎，是龅牙带来的好运吗？谁都知道这只是一句玩笑话。但我们必须承认，当她不再自卑于龅牙的存在，而是学着欣赏自己的美丽，尽情地投入到演唱中时，有更多的人被她感染了。或许单从容貌来看，凯茜·桃莉确实不够美，但是她却用自己的努力换来了他人的欢迎和尊重。

鲜花是美丽的，遗憾的是，鲜花最终会凋谢。正如鲜花有盛放也有凋零一样，世上每个人都既有优点，也有缺陷。长了一口龅牙，应该说是一种缺陷。如果你只盯着自己的缺陷，那它只会告诉你，你是多么的不完美，是多么的不幸。但要是把缺陷从眼前挪开，它却可以成为你的长处。

所以，我们实在没有必要过于严苛地对待自己，应该适当允许一些不足的存在，学会从内心接纳不完美的自己。请相信自己拥有的一切都刚刚好吧，欣然地接受自己。当你能做到这一点后，你会感受到发自内心的喜悦与踏实，甚至会有一份自豪。每个人都有优点和缺点，将优点发扬光大，其余的根本不必理会。

也许你的眼睛不是双眼皮的，但你的身材很棒；也许你的牙齿不够整齐洁白，但你的皮肤很白嫩；也许你没有姚明那么高大的身材，但渊博的学识却能让你看起来更高大；也许你没有美丽的容颜，可是你有动人的声音，这同样能令你备受瞩目；也许你不擅长演讲，但你很善于倾听，这同样是一种让大家喜欢的好习惯……你看，你其实已经拥有足够多的优点，你已经够好了。

请相信，你拥有的一切都刚刚好。容许自己的不完美，带着愉悦的心情去接受自己所有的优点和缺点，你就会得到最真实的快乐、最踏实的幸福，并呈现给世人一个更优秀、更魅力无限的你。

## 生活感悟

每个人都有自己的优势和不足，但这并不妨碍我们每个人拥有自己独特的人生轨迹，也不影响我们在自己的人生坐标上发掘最适合自己的那个点。容许自己的不完美，是对自己的尊重与认可。这也是成就自己、体现自身价值的前提。换言之，其实我们每个人都是最优秀的。

## 没有满分的人生，每个人都缺少了一样

> 每个人都想争取一个完满的人生，然而从古至今，百分之百完满的人生根本不存在。
>
> ——著名国学大师 季羡林

有一位中年妇女，她的儿子很聪明，她对儿子有着很大的期望，所以特意把儿子送到了市里最好的寄宿制小学就读，那所小学以考试成绩好而著称。孩子们从上一年级开始，每周都有考试。这位妈妈每周末去接儿子时，总是先谈考试，问语文考了多少分，数学考了多少分，班里有多少同学考了 100 分。

有一次，孩子很骄傲地对来接她的妈妈说，自己语文考了 98 分，数学 99 分。这位妈妈脸上立刻露出不满的表情，然后说："有人能考 100 分，你怎么就考不了？"孩子原本兴奋的表情一下子消失得无影无踪，取而代之的是一脸的委屈与沮丧。

之后，每次考试之前，她都会一再叮嘱儿子考试要认真，要好好检查卷子，不要出错，争取考 100 分。她儿子尽管学习不错，但每次考试总会或多或少错一点点，没有一次能考到 100 分。每次考试后，这个小男子汉一见到妈妈就会痛哭，然后告诉她自己没能考出一个 100 分来。语文 98 分，数学 99 分，这明明已经是不错的成绩了，但这位妈妈却一味地苛求 100 分，结果导致孩子和自己都背上了沉重的压力。

一个人的学业成绩可以用考试的分数来证明，那么一个人的人生呢？可以用分数高低来代表其人生的完满与否吗？如果可以，有满分的人生吗？有怎样的人生分数才算是及格呢？这些问题颇有点哲学意味，但我们知道任何事情都要做得尽善尽美，这在现实中是几乎不可能实现的，因为，现实中总是会遇到这样或那样的困难与阻碍，我们不可能将任何一件事情都做到完美无缺。因而，完美主义者得到的常常是失意的泪水，而不是满满的甜美的成就感。

什么事情都会有个度，就像水到了 100℃就会沸腾，到了 0℃就会结冰一样。追

求完美超过了一定的度，就会形成阻碍发展的桎梏。达不到想象中的彻底完美，便誓不罢休，那就是在和生活较劲。长此以往，心里就有可能系上解不开的疙瘩，而且会系得越来越大、越来越紧。我们常说的心理疾病，就是这样在不知不觉中出现的。

人生的分数既然这么难打，怎么会有满分的成绩呢？或者分数高低的衡量标准如此分歧，要怎样才能做到客观呢？又怎样才够资格称得上完美，能够拥有满分呢？

事实上，没有满分的人生。只要你稍加了解就会发现：有些人事业成功、飞黄腾达，却婚姻失败、家庭失和；有些人学业成绩名列前茅，却与同学们关系不佳，在学校里受大家排挤；有些人身居陋巷、贫病交迫，却备受左邻右舍的尊敬、知交满天下；有些人长相平平、工作卑微、能力平庸、收入很低，却天天笑口常开，快乐无比……你很难分得出谁是失败者，谁又算真的成功。

从来就没有所谓满分的人生，每个人都有这样或那样的不完美，坦然面对不完美的自己，就是对人生的最好答卷。

欧洲有一位著名的女高音歌唱家，刚满 30 岁时就已经誉满全球。这么成功难免会引来无数人的嫉妒。有一次，她到某地举办独唱音乐会，入场券早在半年前就被抢购一空了。她当晚的演出受到了空前的欢迎。演出结束后，她和丈夫、儿子从剧场里走出来，准备和观众们谢幕。大家一拥而上，把三人团团围住了，都争相要与这位年轻的歌唱家攀谈与亲近，纷纷表达自己对歌唱家的崇拜与仰慕。

人们用能各种想得到的词来赞美这位女歌唱家。有的人恭维她大学刚毕业就开始走红，很顺利就进入到了国家级的歌剧院，真有才华；有的人恭维她 27 岁就成了世界 10 大女高音歌唱家之一，真是幸运；也有人恭维她有一个腰缠万贯的丈夫和一个活泼可爱的儿子……

她只是默默地听着，脸上挂着微笑，却没有任何表示。等人们把话说完以后，她才缓缓地说："谢谢大家对我和我家人的赞美，我希望在这些方面能够和你们共享快乐。但是，你们看到的只是一个方面，还有你们没看到的另一面。受你们夸奖的我的儿子，其实不会说话。另外，他还有一个姐姐，是需要被常年关在装有铁窗的房间里的精神分裂症患者。"

她的这番话令大家都震惊得说不出来话，面面相觑，无法接受这个事实。女歌唱家接着心平气和地说道："这一切说明了什么呢？说明了一个道理——上帝给谁的都一样多。"听完她的话，人们陷入到了沉思之中。

上帝给谁的都一样多，没有一个人的人生是完美无缺的。人生的幸福感与满意度，没有标准答案，如果一个人想获得满分的人生，那只能是空想。我们能做的只能是，放下对完美的苛求，宽心接受不足和不幸，积极面对生命中的不完美，真诚地感谢这个不完美的世界。

总想把每一件事都做得尽善尽美，无懈可击，这样的做事精神自然可嘉，然而总是这样要求自己，未免是过于虐待自己，让自己总是活在紧张兮兮的状态里。而且，在力求完美的过程中，免不了会思前顾后，拘泥于细节，谨小慎微。于是压力之大，可想而知。

你的内心有多少执着，就会有承受多少痛苦。如果你发现自己的压力大多来源于此，就需要做一些改变和调整了。没有满分的人生，毋须事事苛求完美。凡事适可而止，尽力就好。其实，我们尽力做到的，已然是最好的结果；我们当下拥有的，已然是刚刚好的人生。

## 生活感悟

任何事情在想象中都是顺水的船、顺风的帆，似乎可以一蹴而就，可以干得漂漂亮亮。但是想象中的东西毕竟只是一个设想，这种设想和实践中所能达到的程度还有一段距离。完美只是一种憧憬，一个向往，凡事尽力就好，不求事事完美，只要做到问心无愧就是一种完美了。

# 没有人能令所有的人都满意

> 我不是人民币，不可能让所有人喜欢我。你不可能让所有人都喜欢你，因为大家的喜好五花八门。
>
> ——著名主持人 周立波

有个农夫与儿子一起赶着一头驴到附近的市场去做买卖。没走多远，父子俩就看见几个路人对着他们指指点点。其中一个人大声喊道："你们见过像他们这样的傻瓜吗？有驴子不骑，宁愿自己走路。"听到这话，农夫心中很是在意，立刻让儿子骑上了驴，自己则在后面跟着走。

走了一会儿，他们遇见了一群老人。只听老人们哀叹道："你们看见了吗？现在的老人可真是可怜。看那个孩子只顾自己骑着驴，却让年老的父亲走路。"农夫听到这话，连忙让儿子下来，自己骑了上去。

走了一半路程时，父子俩遇上了一群孩子。几位孩子七嘴八舌地乱喊乱叫着："嘿，你们瞧那个狠心的爹，他怎么能自己骑着驴，却让自己的孩子跟着在后面走呢？"农夫听罢，立刻叫儿子上来，与他一同骑在驴背上。

快到市场时，又听到有人说："哟，这驴多惨啊，竟然驮着两个人，真令人怀疑这不是他们自己的驴。"旁边另一个人则插嘴说："哦，谁能想到他们这么骑驴啊，瞧这驴都累得气喘吁吁了，这样的驴哪有人肯买啊。"

听罢这话，农夫对儿子说："怎么骑驴都是错，依我看，不如咱们两个人驮着驴子走。"于是，他和儿子急忙从驴背上跳下来，用绳子捆上驴的腿，找了一根棍子将这头驴抬了起来，卖力地向前赶路。

当父子俩使出了浑身的劲儿将这头驴抬过闹市入口的小桥上时，又引起了桥头上一群人的哄笑。当时驴子受了惊吓，挣脱了捆绑，撒腿就跑，不料却失足落入河中，淹死了，还被湍急的河流冲走了，捞都没法捞。最终，农夫带着儿子两手空空地回了家，心中充满了痛惜、懊恼与羞愧。

这样的故事似乎十分可笑。然而，这种任由别人来支配自己行为的事情并非只在故事里出现。在生活中，我们常常会很在意别人的看法和目光，为获得别人认可，我们或多或少都会想去讨好别人，会小心翼翼行事，唯恐别人不满意自己。

希望得到别人对自己的认可和积极的评价，这原本是一件很正常的事。但我们应该认识到，如果想让所有的人都满意自己，是根本不可能的。这最终只会导致自己生活在别人的看法里，一层一层的缠绕，让我们的生活变得越来越复杂，难以去做真正的自己，最终将自己搞得身心疲惫，把自己的快乐、幸福都扼杀了。

无论做任何事，你都很难让所有人皆满意。因为每个人的利益是不一样的，每个人的立场与主观感受也是不同的。每个人都有自己看问题的标准和角度，无论你做什么，准备怎么做，都必定会有人对你表示支持，也有人会对你表示反对。即使我们千般小心万般在意，也照样还会有人不满意。

有位画家决心要画出一幅每个人见了都喜欢的画。经过数月的辛苦，他终于把一幅自认为所有人都会满意的画拿到市场里去挂着，同时在画旁放了一杆笔，并说明道：“我亲爱的朋友，如果你认为这幅画哪里有欠佳之笔，请赐教，并在画中标上记号。”

画家晚上来取画时发现，整幅画上都被涂满了记号——没有一笔一画不被指责。画家对这次尝试失望不已。但他决定再换一种方式试试。于是，他又画了一张一模一样的画拿到市场上去展示，不过这一次他的留言是，请每位观赏者将其最为欣赏的妙笔都标上记号。最后的结果是，一切曾被指责的笔画，如今都换上了赞美的标记。

面对反差如此之大的结果，这位画家感慨道：“我现在终于明白，你不能期望每个人都对你满意。无论你做什么，只要能让一部分人满意就足够了。因为，在有些人看来是丑的东西，在另一些人的眼里恰恰是美的。”

成天想着让所有人都满意，是过于追求完美主义的做法。无数事实证明，这样做完全没必要，也是绝对不可能做到的。

你是否遇到过这样的事：当某个人做了一件善事，引起身边的人注意时，我们便会听到各种截然不同的评论。张三会说这个人做得好，很有奉献精神；李四却说这个人这样做是爱表现，只是为了一心想往上爬；上司会赞扬这个人有爱心，值得表扬；下属则会说这个人是在“作秀”……总之，各种各样的议论，有的如同飞絮，有的好似利箭，迎面扑来。即使你是好心好意，即使你竭尽了全力，但你还是很难令所有人都对你满意。所以，凡事只要做到问心无愧就好，没有必要想方设法地让所有人都满意。

有一头骆驼从沙漠的一端，历尽艰辛才走到了另一端。一只趴在骆驼背上的苍蝇，也和骆驼一起经历了整个旅程，跟骆驼辛辛苦苦地走了整个长途不同，它一点儿力气也没有花。所以，苍蝇飞到骆驼跟前跟骆驼说道："骆驼，辛苦你了，谢谢你把我驮过来，我走了，再见！"

骆驼看了一眼苍蝇说："你在我身上的时候我根本就不知道，你走了也没必要跟我打招呼，你根本就没有什么分量，别把自己看得太重要。"

生活中有一个很常见的现象是，很多人都很在意别人的看法，常常把自己看得太重要，总以为别人很在乎自己，自己对别人很重要。然而，正如骆驼根本就不在意苍蝇的看法一样，很多人其实并不在意你，毕竟每个人都有自己的事情要做。

有一句话说得好："20 岁时，我们顾虑别人对自己的想法；40 岁时，我们不理会别人对自己的想法；60 岁时，我们发现别人根本就没有想到我们。"例如，你在路上不小心摔了一跤，惹得路人哈哈大笑。你当时一定很尴尬，认为全天下的人都在看着你。但如果你站在别人的角度想一下就会发现，其实这件事只是他们生活中的一个小插曲，甚至有时连插曲都算不上，他们没有多少时间会把注意力集中在你身上，顶多哈哈一笑，然后就把这件事忘记了。

走自己的路，让别人说去吧。只要方向正确，就坚持按自己的想法去做，等到事情做成功了，就总有人会肯定你的。当然，也总有人会不认可你，但这些都不再重要，因为当你能够去追求你真正想要的东西并达成目标时，你的内心已充满了从成功中收获到的喜悦与成就感，那些令你不快的东西在你的心里已没有了位置。

## 生活感悟

世间之人何止千千万万，谁人又能做到让世人皆喜欢满意？做人最悲哀的无疑是被别人的舌头压死。不必太在乎别人的眼光，无须力讨他人的满意，只要你能尽己所能，全力以赴，即使结果不尽如人意，即使有些人对你不满意，你也已经是完美的了，因为尽己所能就是完美的一种境界。

## 那些美丽的残缺，不妨欣赏

> 残疾就一定与美丽无缘么？答案是否定的。美存在于一切事物之中。
>
> ——英国艺术家 艾莉森·拉佩尔

有一个双目失明的人，从小为自己的这一缺陷而自卑不堪。夜深人静时，他常常思忖，是不是自己前世做了什么对不起别人的恶事，所以今生遭受惩罚来了？带着这样的疑惑，他认为自己这辈子将一事无成，于是开始浑浑噩噩地虚度人生。可是，他的这一思想并没有一直持续，一次偶然机会，他竟然得到了彻底的改变。

原来，这位盲人遇到了一位智者。智者对他说了这样一番话："世上没有完美的事情，更没有完美的人。每个人都是上帝眼中可爱的苹果，如果上帝特别喜欢哪个苹果的话，他就会忍不住咬一口。你所以失明，不是因为你不好，而是因为上帝特别喜欢你的芬芳，多咬了一些罢了。"

听了智者的话，盲人犹如醍醐灌顶。自己之所以双目失明，原来是因为上帝更爱自己啊，他的心情顿时开朗了起来。从此，他不再自卑于失明，而是将这看作是上帝对自己的特别厚爱。他开始振作起来，然后跟着镇上的一位盲人师傅学习按摩。后来，经过一番辛苦的努力，他成了远近闻名的优秀按摩师，为许多人解除了病痛的折磨。

缺少一部分，不完整，便是残缺。如果一个人身体残缺，这无法说是一种完美。但话说回来，其实"完美"是抽象的，相对的，缺陷也是一种美，自有其不可替代的价值。

众所周知，法国卢浮宫有三件镇宫宝贝——达·芬奇的肖像画杰作《蒙娜丽莎》、米洛斯的维纳斯雕像、古希腊胜利女神雕像。

永恒的《蒙娜丽莎》，她唇边似有若无的微笑扣动着无数人的心弦，可惜，你完全不知道她在笑什么，你休想与她沟通；

美丽的断臂维纳斯，裸露的美姿赢得了无数人的赞叹，可惜，断裂的双臂不复存在，谁也不知道她究竟在做什么；

带翼的胜利女神，飘摇的姿态和美妙的衣褶让无数人幻想她的音容，可惜，她没有头，你根本不知道她在风中飞舞时的表情。

瞧，残缺又何尝不是一种完美？是的，残缺也是一种美，一种让人深感个性化的美，比完整的美更加动人，更令人回味。所以，身体的残缺并不可怕，我们不妨对残缺投以欣赏的目光。当然，这并不是鼓励大家放任残缺，作为自己不求上进、推卸责任的借口。要使缺陷真正成为一种美，我们还是应该做出一些努力的，那就是要善于给自身的残缺打一个漂亮的“补丁”。

有一位妻子给丈夫买了一件白衬衫，没想到丈夫不小心碰到了一颗钉子，钉子把衬衫的背面划出了一道挺大的口子。衣服才穿了几天就破了，丈夫感到非常惋惜，妻子接过来左看右看之后，却说：“让我补补看。”

当丈夫再一次看到这件衬衫时，他惊呆了：不规则的口子被小心地用细细的白丝线手工缝合了，被白丝线缝合的裂痕呈树枝状，看上去就像北方冬天树枝上的冰花或雾凇一样，美极了。为了强化这种效果，妻子还特地在树枝下用花棉布头拼贴了一个胖乎乎的小雪人和森林木屋。一件原本钩坏了不能再穿的衬衫，现在却变得比原先那件更完美更独特了。

丈夫赞叹道：“太漂亮了，简直就像是一件艺术品。”

妻子说：“补丁，原本是一种遗憾，却可以通过巧手匠心，让它呈现出一种完美。”

人的生命也是这样，伤害、残疾、病痛等等，总会在我们没有防备的时候袭击我们。伤口既已存在就无法回避，你不能指望用展览伤口去博取他人的同情，那没有任何实质意义。你能做的或者该做的，就是用“补丁”缝合“伤口”，并且还要努力在“伤口”上开出最美丽的花朵。生命之所以有意义，就体现在这里。

无论在哪里，我们总能发现这样一些人，他们虽然身体上存在残缺，但他们并不会因此自怨自艾，而是能以超人的毅力、意志，跟命运作顽强的斗争，用行动来填补自身的残缺。正是这种毅力，让他们创造出令世界都为之震撼的奇迹。

英国人艾莉森·拉佩尔天生残疾，从出生之日起就没有了双臂，双腿也特别短小。这是一种名为“海豹肢症”的先天残疾。出生后几周内，拉佩尔被母亲送到了“残疾人之家”，一两岁的时候她开始意识到，自己已被父母抛弃。但拉佩尔没有丧失信心，没有失去对美好生活的向往，相反，这更激起了她对生命、对美好的渴望。

拉佩尔 3 岁时就开始学着用自己并不正常的脚摆弄画笔工具，到 16 岁时，她用脚创作的绘画作品已经能够在当地的绘画竞赛中获奖。17 岁时，拉佩尔在一家残疾人评估中心接受各种生活及职业训练，比如骑马、学习艺术，以提高在社会中的适应能力。19 岁时，拉佩尔已经有能力独立生活了。之后，拉佩尔进入布莱顿大学艺术学院学习，她开始了一项新工程：以自己的身体为原型进行艺术创作，通过摄影、绘画的方式，展现自己并不完整的身体。

凭借超凡的努力，拉佩尔成为了一名著名画家和摄影家，改变了自己的命运。用她的话说，她的目的就是要让整个社会了解：“残疾就一定与美丽无缘么？它不可以让人们产生除了‘厌恶’‘怜悯’‘同情’之外的感受么？我正在向世界展示：答案是否定的。美存在于一切事物之中。”

伦敦市长肯·利文斯顿这样形容拉佩尔：“艾莉森展现给我们的是与命运的抗争。这是一件关于勇气、美丽与抗争的作品。艾莉森是现代社会的女英雄，她坚强、可敬，给人带来希望。”

面对身体的残缺，不必为此痛哭流涕，怨天尤人，更不必自暴自弃，失去生活的信念。最好的办法是坦然接受，并自励自慰：我是被上帝咬过的苹果，只不过上帝特别喜欢我，所以咬的这一口更大罢了。如果能够明白自己当下所有拥有的，都是上帝对自己刚刚好的给予与安排，那么，即使身体残缺也有权利享受行云流水的生活，并开拓出属于自己的人生舞台。

## 生活感悟

残缺，代表不完美，这是我们所憎恶的。但这无法逃避，我们所能做的就是不计较，不懊恼，明白这是上天对自己刚刚好的给予与安排，怀着一颗包容的心去欣赏，怀着一颗上进的心去改善。身体的残缺并不代表能力的残缺，当你因拥抱了自己“不幸的命运”而实现了自我生命的价值时，人们将看到另外一种美，一种乐观而坚强的美。

# 在乎一城一地的得失，就无从谈圆满

谁怜一片影，相失万重云。

——唐代诗人 杜甫

有位渔夫非常幸运地从海里捞到一颗晶莹剔透的大珍珠。他爱不释手，但美中不足的是珍珠上面有一个小小的斑点。渔夫想，如果能把斑点去掉，珍珠将完美无瑕，变成无价之宝。于是，他刮去了珍珠一部分表层，但斑点还在；他又狠心刮去一层，斑点依旧存在。于是他不断地刮下去。

最后，斑点没有了，而珍珠也不复存在了。渔夫无比后悔地说，“我若不去计较那个小斑点，现在手里还攥着一粒硕大而美丽的珍珠啊！”

这个渔夫是无知可悲的，他想把珍珠上的小斑点去掉，得到一颗完美无瑕的珍珠，但当他消除了所谓的瑕疵时，珍珠却不复存在了，美消失在他追求完美的过程中了。殊不知，有斑点的珍珠只是白璧微瑕，而且正是其不着痕迹、浑然天成的可贵之处。这种美，美得朴实，美得自然，美得真切。

对佛学有一定了解的人都知道，佛家常说这样一个词：“圆满”。圆满究竟是什么呢？所谓圆满，其实就是高质量的生活。如果不能提高生命的整体质量，只在乎一城一地的得失，就无从谈圆满。人的生命是一个复合体，有许多需要去做、去感受、去思考的事情。如果过于计较细节，便很容易因小失大，舍本求末，降低了生命的质量。其实，无论上天让我们得到什么，都是刚刚好的给予。

战国时期，齐国将军田忌经常和齐威王押赌赛马。他们约定，把各自的马分成上、中、下三等。比赛的时候，上马对上马，中马对中马，下马对下马。由于齐威王每个等级的马都比田忌的马强一些，所以比赛了几次，田忌都失败了，输了不少钱。

这天，田忌又输了，他显得垂头丧气，这时好朋友孙膑过来拍着他的肩膀说：“我刚才看了赛马，上、中、下三等，威王的马都比你的马快不了多少。你别失望，下一把您只管下大赌注，我保证您能赢。”

孙膑还没有说完，田忌瞪了他一眼：“想不到你也来挖苦我！”

孙膑说：“我不是挖苦你，我是说你再同他赛一次，我有办法准能让你赢了他。”

田忌疑惑地看着孙膑：“你是说另换一匹马来？”

孙膑摇摇头说：“连一匹马也不需要更换。”

田忌毫无信心地说：“那还不是照样得输！”

孙膑胸有成竹地说：“你就按照我的安排办事吧。”

田忌相信并答应了孙膑，与齐威王用千金来赌胜。

一声锣响，比赛开始了。孙膑先以下等马对齐威王的上等马，第一局田忌输了。齐威王站起来，得意洋洋说：“你们还不是照样输？想不到赫赫有名的孙膑先生，竟然想出这样拙劣的对策。”

孙膑不去理他，接着进行第二场比赛。孙膑拿上等马对齐威王的中等马，获胜了一局。这下，齐威王有点慌乱了。

第三局比赛，孙膑拿中等马对齐威王的下等马，又胜了。这下，齐威王目瞪口呆了。

比赛的结果是三局两胜，田忌赢了齐威王，从齐威王手中接过了一千两黄金。还是同样的马匹，由于调换了一下比赛的出场顺序，就得到转败为胜的结果。

孙膑的计谋本身虽小，但其思维方法却不同寻常。这个思维就是要有大局观，舍弃一场比赛的失利，去赢得整场赛马的胜利。兵家常说：做大事，不必计较一城一地的得失。可见，一时的牺牲，并不是全盘皆输，而是赢来最终成功的可能。我们虽遗憾那几点微瑕，但更应关注的是更大的气象。而无论上天让我们拥有的是什么，其实都是刚刚好的，只看我们懂不懂发现，会不会用。不会用，自然会不满足，怨天尤人；会用，就会用手上所拥有的，去赢得一个圆满的结果。

圆满是一种通透人生的智慧，而不是仅仅追求小节处的完美。对于我们每个人来说，虽然无法控制生死，但我们能改变生命的质量。只要活出了高质量的人生，即使活了瞬间的生命，我们照样可以绽放出永恒的绚烂。只要活好了当下，用好了手上拥有的，即使最后的结果有些遗憾，其实也是一种完美。

山上的大树旁有个寺庙，庙里有个老和尚和一个小和尚。小和尚每天都会坐在树下念经，并不时地给树浇水施肥。转眼秋天到了，每一次起风时，树叶总会随风飞舞。小和尚心情糟糕极了，每天都闷闷不乐。

老和尚问及原因，小和尚回答道："秋天来了，树叶落了，我不喜欢秋天，一片死寂。我也替这棵树难过，它的叶子没有了。"

老和尚对小和尚说："如果你因为落叶而厌恶秋天，那么你就可能错了，一叶凋零荒芜不了整个秋天啊。更何况，飘落的枯叶掉在树根旁，会变成肥料滋养树根，这样整棵树将长得越来越茁壮。"

枯叶落地，无疑是为了树木能够更好地存活，如此，树叶便完成了圆满。即使一片树叶枯死，也要相信秋天的活力；即使一朵红花衰败，也要相信花园的美丽；即使一掬溪水消失，也要相信大海的澎湃……

这启示我们，在小小利益面前，我们要走出不必要的执着，容忍某些方面的缺憾，以一种宏观的眼光处世，坚守更深更远的目标，才能创造更大更美的奇迹，获得更大的愉悦与成就感。要知道，无论我们当下拥有的是什么，都已经是上天能给予我们的刚刚好的东西。

## 生活感悟

很多时候，我们不必计较一城一地的得失，不必在乎一点一滴的瑕疵，不必偏执于一毫一厘的损失。将完美的内涵放宽，一片玉的微瑕就不会迷惑住我们的双眼，满地丰收的金黄正是我们的追求。懂得了完美的最高境界，知道了"刚刚好"的真正含义，我们才会成就整体的真正完美，人生的真正圆满。

# 遗憾，一种恰到好处的完美

没有遗憾的人生才是最遗憾的！

——美国作家 欧内斯特·米勒尔·海明威

有个老人买了一个精美的花瓶，并用绳子捆好背着回家。路上绳子断了，花瓶掉在一块石头上碎了。老人头也不回地继续前行。

一个过路的少年喊住老人，问他："你不知道花瓶破碎了吗？"

老人回答："我知道。"

少年又问："那你为什么不回头看看？"

老人说："已经碎了，回头看又有什么用呢？"

有一个成语叫"覆水难收"。人生中很多遗憾就像一个破碎的花瓶、一盆泼出去的水，不管采取什么样的补救措施，都已经无法改变既成的事实。所以，我们不必回避，不必伤痛，也不应困在其中。

有人问佛："世间为何有那么多遗憾？"佛说："这是一个婆娑的世界，婆娑即遗憾。没有遗憾，给你再多幸福也不会体会到快乐。"

相信没有人喜欢自己的生命中承载太多的遗憾，但它又是确确实实地存在。例如，一件事情进行中，我们往往无法预料到结果，即使小心谨慎地做好每一个细节，最后都可能无法十全十美，或多或少的遗憾是无法避免的；面对选择的时候，即使考虑再周全，我们也无法做到将所有好处都占尽。

那些未实现的诺言，那些未出口的再见，那些未写完的诗篇，那些未牵手的恋人……此时，你是用一种什么样的态度去对待遗憾呢？是后悔，是纠结，是痛恨，还是欣然接受？每个人都有各自的选择。印度诗人泰戈尔曾告诫世人："别为错过叹息，如果错过太阳时你流了泪，那么你也将错过群星。"

人生无论重来多少次，还是会有遗憾。尘世间的好事物中，都暗藏了一些遗憾。

弗朗西斯卡是美国艾奥瓦州一个农夫的妻子，她贤淑、善良，和丈夫以及一对儿女在自己拥有的农场里过着简单而平静的日子，既没有特别令人揪心的事，也没有令人激动万分的事。这种状况一直延续到她遇到罗伯特·金凯为止。

罗伯特·金凯是一个天才摄影家，一个夏日，他来到弗朗西斯卡所在的农庄附近，想拍摄当地一座颇有历史的廊桥——罗斯曼桥。在偶然间，弗朗西斯卡成了罗伯特在当地的“向导”。当时正巧丈夫和儿女不在家，时间和空间为这对中年人提供了滋生爱情的条件。

在短暂的四天时间里，弗朗西斯卡和罗伯特·金凯迅速坠入了爱河。他们一起到廊桥去拍摄美丽的风景，他们一起吃着烛光晚宴，他们一起就着音乐翩然起舞……总之，他们忘记了一切，共沐爱河。

然而，罗伯特·金凯的工作性质注定了他会云游四海、漂泊四方，不可能像普通人那样过居有定所的生活；弗朗西斯卡还有自己的丈夫和儿女，她不可能为了他抛弃这一切。最后，罗伯特·金凯带着遗憾走了，双方只能留在了彼此的心中，年复一年的缠绵思念，刻骨铭心，凄婉绝伦……

这就是著名电影《廊桥遗梦》阐述的故事。我们不否认男女主人公是真心相爱的，但命运与缘分的捉弄使他们不能厮守终身，此后半生也要抱着深深的遗憾而活。

也许世间最大的悲剧莫过于两个相恋的人不能牵手一生一世，但正因为有了遗憾，那份爱情才显得越发弥足珍贵，感动了千千万万的观众。

月缺令人感慨，花落令人心碎。试想，如果当初弗朗西斯卡选择抛夫弃子，放弃家庭的责任，随罗伯特·金凯私奔他乡，这个故事也就落入到了普通得不能再普通的移情别恋的俗套，而且他们真的能够情比石坚、相伴一生吗？即使他们能白头偕老，那又何来浪漫且刻骨铭心的经典爱情？

《石头记》引人入胜，举世无双，闪耀着炫目的文学光辉。可天有不测风云，谁会料到《石头记》尚未完篇，作者曹雪芹却已不幸驾鹤西去了呢？作者的逝世，同时造就了后世的《石头记》——《红楼梦》永远的遗憾与难解之谜。这个始料未及的遗憾，让无数“红迷”既无可奈何，又如痴如醉，让千千万万后世的人们为之争论不休。是遗憾，成全了《红楼梦》的美。

人生在世，很多人都在追求一种境界，那就是了无遗憾。但这明显是一种无法达成的目标，因为世上有很多事情是可遇不可求的。人生没有完美，但遗憾，何尝不是我们生命中的另一种美丽呢！其实遗憾，就是一种恰到好处的完美。这种美，不可复制，甚至，比完美更美一些。

人生是一趟单行列车，没有人能在时光逝去之后从头再来。对于已经发生的遗憾，追不回来，亦无法重演。我们唯有接受一些遗憾，宽恕一些遗憾，将遗憾化作前行的动力。如此，我们才不会辜负美好的生活，美丽的人生。

## 生活感悟

人生如果没有遗憾，就只能是一条单调的直线，不会有什么起伏，也不会品尝到酸甜苦辣的滋味。如果真是这样，人生该多么乏味苍白啊。有了遗憾，就有了起伏。大起大落的曲线，才是人生的真实写照。有低谷，有高潮，有遗憾的人生，最后肯定会让我们的记忆留在最高点，久久享受与回味那“一览众山小”的快乐！

# 拥抱生命中的短板，做更好的自己

> 如果我们没有阴影，就不是完整的人。
>
> ——台湾身心灵作家 张德芬

在一个村庄里，有一位挑水夫一直在为村里的财主挑水。这位挑水夫并没有什么特别的地方，但他挑水用的两个水桶却很引人注意。原来，这吊在扁担两端的水桶，一个完好无缺，另一个却有一块短板。所以，这位挑水夫每挑一趟水，那完好无缺的水桶总是能将满满一桶水从溪边载送到财主家中，而有短板的那个水桶在到达财主家时，却永远只剩下半桶水。

在为财主挑水的两年多以来，挑水夫就这样每一趟都挑一桶半的水到财主家。自然，好桶对自己能够运送整桶水很感自豪；那破桶呢？它对于自己的那一块短板非常羞愧，并为自己只能完成一半责任而感到非常难过。于是有一天，破桶在小溪旁对挑水夫说："我很惭愧，必须向你道歉。"

"你为什么觉得惭愧？"挑水夫问道。

"两年多来，水总从我这边一路漏出去，每次我都只能送半桶水到达终点。我的缺陷使你付出了全部的劳力，却只能收到一半的回报。这让我非常惭愧！"破桶说。

挑水夫既替破桶感到难过，却又充满爱心地对它说："一会儿在我们回财主家的路上，我希望你多留意一下路旁盛开的花朵。"

挑水夫挑了两桶满满的水，开始往财主家走。走在山坡上时，破桶突然感觉眼前一亮，它看到了缤纷的花朵，开满了路的一旁，并沐浴在温暖的阳光之下，这一景象使它又惊讶又开心。走到小路的尽头，快到财主家的水缸处时，它又难受了，因为它里面一半的水又在路上漏掉了！

破桶再次向挑水夫道歉。挑水夫说："你有没有注意到小路两旁，只有你的那一边有花开，好桶的那一边却没有花开吗？我明白你有一块短板，因此我善加利用，在你那边的路旁撒了一些花的种子，每回我从溪边来，你就可以替我一路上浇花。两年来，这些美丽的花朵一直在装饰着财主老爷的餐桌。如果不是你，老爷家的桌子上也不会有这么好看的花朵！”

在生活中，我们每个人或多或少也有自己的“短板”，在这里指的主要是我们性格、行为中自己不喜欢、不承认、不愿意拥有的人性弱点，那被我们压到意识层面之下的部分。我们之所以不喜欢、不承认、不愿意拥有，是因为家人、周围的邻居朋友都会告诉我们，这些是坏的，不能够拥有这些。

例如，我们的脆弱、懒散、多愁善感、欲望等。很少有人会当众说“我是一个特别脆弱的人”“我是一个野心很大的人”。为了保持一个比较完美的形象，我们不愿意或不敢于敞开自己的心灵，“把内心遮得严严实实”，不敢承认和面对自己的弱点，于是弱点慢慢变成了捆绑我们心灵的枷锁。

这个世上掩耳盗铃、自欺欺人、最后弄巧成拙的人还少吗？有很多历史人物，正因为忽视或无视了自身的弱点，结果要么成为“千古一叹”，要么身背“千古骂名”。例如，刚愎自用、狂妄自大，最终四面楚歌、自投乌江的“西楚霸王”项羽；懒惰懈怠、不求上进、乐不思蜀的三国蜀汉后主“阿斗”刘禅。

因此，前进或者成功的真正意义就是去修补自身最短的那块木板。看看那些成功的人，虽然他们自身也并不完美，但他们都能够以积极的态度，认真地审视弱点，利用得恰到好处，不断将弱点转化为力量，所以他们的人生比别人的要精彩得多，辉煌耀眼得多。而这些弱点，最终也会变成一种刚刚好的存在。

一个奥地利男孩自幼十分崇拜、敬畏自己的父亲，但同时来自父亲的粗暴、专制，严厉呵斥，使他一生都笼罩在了父亲的阴影里。再加上生活穷困，所以虚弱无能、敏感焦虑这些都成了他极难克服的人性上的弱点，他对此既难过又无奈。幸好男孩意识到了自己的弱点，他想缓和自己同世界的关系，“如果我能平息我心中的冲突，我相信自己就很幸福了”。

后来，男孩选择了文学，他用写作这种方式进行着灵魂的自我交谈，拓展着自我的精神边界。他手下的主人公们都是以一个“儿子”的身份存在着，并且具有儿子的生活形态和心理状态，他将自己孤独、寂寞的情绪淋漓尽致地赋予在了主人公身上，作为一种逃脱出来的尝试。他依靠写作度过了无数茫茫黑夜，后来终于成为了著名的小说家。他就是“现代主义文学之父”弗兰兹·卡夫卡。

当一个人的性格中存在虚弱无能、敏感焦虑的个性弱点时，我们可以说这样的人是不完美的，事实上这些弱点曾经毁过很多人的人生，但弗兰兹·卡夫卡在这些弱点面前没有表现出一般人固有的绝望情绪，而是正视自己，深度“解剖”自己，结果把弱点变成自己的优势，从而在世界文坛的历史上留下了一笔属于自己的浓重而耀眼的色彩。

面对生命中的短板、弱点，直面要比逃避、遮掩要积极、有用得多。对此，美国新思想运动的代表人物弗兰克·哈多克在自己的经典之作《意志力决定成败》中也强调说：“意志力是身体的统帅，能够让人生到处都充满奇迹。但是，如果不能够去战胜并克服有害于意志力的弱点，我们就不能随时坚定意志，来做一些让我们的人生具备高尚价值的事。”

所以我们要明白，与其每天耗费很多能量去掩盖、压制自己不喜欢的部分，不如拥抱生命中的这些短板、弱点，这是我们最需要去做的。无论是长板还是短板，无论是优点还是弱点，其实都是上天给予我们的刚刚好的东西。所以，接受并整合我们的短板、弱点，会有许多充沛的能量被释放出来，一旦这些被整合以后，再用在更有用的地方，就可以帮助我们了解自己，使自己变得更积极、更强大、更优秀。

### 生活感悟

灯光下，越逃离影子越长；只有堂堂正正地立于其下，影子才会消失不见。生命中的“阴影”也是如此，逃离只会助长它的力量，勇敢面对才能削弱它的影响。这个“阴影”可能是你的短板、弱点，也可能是你的心结、心病。无论是什么，都只有学会挖掘“阴影”里的正能量，然后打开你的心，拥抱你的“阴影”，接受你自己的当下，然后从自己拥有的出发，去发展一个更好的自己。

## “留白”不是少，而是完美得刚刚好

> 你不是超人，你会累，你会痛，你会哭，你会难过，你会无助，你会无力。可你要理解这样的自己。
>
> ——佚名

跋涉于漫长的生命之旅中，每个人都期望自己的人生充实圆满，希望自己是无所不能的完人。可是没有人是三头六臂无所不能的，即使再优秀的人，精力和体力也是有限的。什么事情都想干好，让自己背负太多，结果往往会身心疲惫，最后导致自己什么事都干不好。

你欣赏过南宋画家马远的传世名作《寒江独钓图》吗？在画面上，除一舟一翁、几笔淡墨之外，空空如也。然而，就是这片空白给了人们以无限遐想的空间、回味无穷的意境，那是一种无言的诉说，诉说着江天辽阔、寒意袭人，诉说着地老天荒、无奈悲凉……这就是国画的“留白”艺术。

其实，人生又何尝不是一张更大的宣纸呢？别总把自己逼得太紧，给自己的生命一些“留白”吧。因为除了精神和心灵领域，其余领域我们是无知的。即使说有知，我们也不可能把好事占尽，总要留出一大片领域让他人自由往来，各领风骚。再说明白一点就是，不必大包大揽身边之事，给自己留点空闲时间。

给自己留一点空白，让自己有休息的时候，可以摆脱各种烦恼、压力，不让快乐、生气过来侵蚀自己的灵魂，你会发现生活原来是那么的丰富多彩，也将更能体味人生的道理，明白人生的意义。从这个意义上看，留白不是少，而是一切都刚刚好。

作为一个作家、一个投资人和一个地产投资顾问，爱琳·詹姆丝在这些领域努力奋斗了十几年，密密麻麻的日程安排塞满了她生活的每一分钟，令她的生活忙碌而紧张，情绪整天紧绷着。

有一天，爱琳·詹姆丝意识到自己再也忍受不了这张令人发疯的日程表了，自己的生活确实太过复杂了，用这么多乱七八糟的事情来将自己清醒的每一分钟都塞得满满的，简直就是对自己的一种折磨。也就是在这个时候，她终于作出了一个决定：要开始摒弃那些无谓的忙碌，让生活变得简单一点。

于是，爱琳·詹姆丝着手开始列出一个清单。她把需要从她的工作中删除的事情都排列出来，然后采取了一系列“大胆的”行动：把堆积在桌子上的所有没用的杂志和信件全部清除掉，取消了一大部分不是必要的电话预约，她打电话给一些朋友取消了每周两次为了拓展人际关系的聚会。就这样，通过改变自己的日常生活与工作习惯，爱琳·詹姆丝忽然感觉到自己不再那么忙碌了，还有了更多的时间陪家人，有了更多的思考时间。因为睡眠时间充足，心态变轻松了，她的工作效率得到了很大的提高，身心状况也变得好了很多。

在自己的作品中，爱琳·詹姆丝感叹道：“在我们今天这个历史进程中，从来没有像今天这个时代让人类拥有如此多的东西，这些年来我们也一直被诱导着，使得我们误认为自己需要拥有这一切的东西，但是，这些东西事实上却让我们沉溺其中并且心烦意乱，与其这样忍受折磨，不如舍弃。”

人生需要会留白，圆满未必真艺术。舍弃不重要或不宜做的事情，把自己最大的精力和智慧投入到最值得的地方上，如此成功便不再复杂，人生便不再纠结。有些人之所以活得幸福，活得安心，并不是因为他们足够完美，更多的是他们懂得自己做不尽所有的事情，适当地给自己“留白”。

为此，我们要做的事情就是知道什么是自己真正想要的。你可以在你手边备一张便条纸，一支笔，将日常的活动列一个清单出来，反思一下自己：每天有多少事情是没必要非要去做的？哪些事情会使自己的生活落入浪费时间、浪费精力的陷阱中？及时减少那些程式化的活动，减少让自己心灵受累的事情。

水墨“留白”，可得磅礴之气；心灵“留白”，叫人聪颖豁达。那么给生命留白，就是充实生命，给生命留白，不被生活中的烦琐之事所缠，挣脱心灵上的桎梏，生命就有了缓冲的余地，就会滋养出无穷无尽的留恋和回味，于是天开地阔，山高路远。如此一来，也就赢得了一个安然淡定的人生。这样的人生，又何尝不是一种刚刚好的人生，又何不是一种完美的人生？

## 生活感悟

我们干任何事情都不能过于绝对，也不能将所有事情往自己身上揽，给人生留一点空白吧。人应当像北极熊那样到时候就冬眠，像北冰洋那样到时候就冰封，像长城内外那样到时候就白雪皑皑。人生的路要一步一步地走，要学会享受刚刚好的当下。人生需要有一种追求完美的精神，但不可能事事都做到完美，只要能做到刚刚好，就已经很了解，就已经是一种完美。人生真正的完美之旅是：累了就歇息，休息好了就继续上路前行。如果累了还拼命前行，很可能连生命都失去。如果连人生都没有了，还谈什么完美与圆满？